精英思维课

强者成功法则

启文 ◎ 编著

山东画报出版社

图书在版编目（CIP）数据

强者成功法则 / 启文编著 . –– 济南 : 山东画报出
版社 , 2020.5
（精英思维课）
ISBN 978-7-5474-3511-3

Ⅰ . ①强… Ⅱ . ①启… Ⅲ . ①成功心理－通俗读物
Ⅳ . ① B848.4－49

中国版本图书馆 CIP 数据核字 (2020) 第 063930 号

强者成功法则
（精英思维课）
启　文 编著

责任编辑　张雅婷
装帧设计　青蓝工作室

主管单位　山东出版传媒股份有限公司
出版发行　山东画报出版社
　　社　　址　济南市市中区英雄山路 189 号 B 座　邮编 250002
　　电　　话　总编室（0531）82098472
　　　　　　　市场部（0531）82098479　82098476（传真）
　　网　　址　http://www.hbcbs.com.cn
　　电子信箱　hbcb@sdpress.com.cn
印　　刷　北京一鑫印务有限责任公司
规　　格　870 毫米 ×1220 毫米　1/32
　　　　　　　6 印张　160 千字
版　　次　2020 年 5 月第 1 版
印　　次　2020 年 5 月第 1 次印刷
书　　号　ISBN 978-7-5474-3511-3
定　　价　149.00 元（全 5 册）

前　言

在黑夜的苍茫大地上，有一支队伍正在潜行。没有任何声音，只有萤火虫般的绿光闪烁，星星点点。

狼来了。它深沉而豪放，忧郁而孤独，幽怨而仁义。它，是勇猛的象征，是勇敢的代表，是忠诚的化身。

它在草原上纵横了百万年，以自己桀骜不驯的性格，不屈不挠地生存着、繁衍着。

无疑，狼是动物界很聪明的种族。狼懂气象，识地形，知道选择时机，会权衡敌我实力，擅长战略战术，能够遵守纪律……它们的聪慧是许多动物所不能及的。

在辽阔的草原上，只有那些最强壮、最聪明、能吃能打、吃饱时也能记得住饥饿滋味的狼，才能顽强地活下来。在它们眼中，生命不在于运动而在于战斗。哪怕同世界上最高等的动物——人类战斗时，它们也毫不惧怕。明知敌人比自己强，也从不畏惧。

在狼身上，我们能看到一种积极向上的精神。远古的人类对狼充满了崇敬，他们把狼的形象刻在岩洞的石壁上或木头上，作为图腾。他们尊重狼的勇敢、坚韧和智慧的品格，他们认为狼具有最高

1

智慧，可以与一切力量抗衡。

古人认为"道法自然"，天地万物，皆可为师。对于人类来说，狼这个物种有着极大的学习和借鉴意义。当然，狼也不是完美的，因此，我们需要"择其善者而从之"。具体来说，我们学习的是狼的各种优秀习性、本领和品质，例如，狼的忍耐、狼的纪律、狼的聪明、狼的强悍和勇敢。

开卷有益，愿你成为人生赛道上的一匹狼。

目　录

第一章　适应环境，改造环境 ························1

敢于挑战逆境 ·······························2

坦然接受失败 ·······························7

宝剑锋从磨砺出 ···························14

隐忍与克制 ·······························18

舍小保大 ·································24

第二章　运用谋略，出奇制胜 ·················29

周密谋划，精心布局 ·····················30

足智多谋，稳操胜券 ·····················34

讲究策略，注重细节 ·····················38

看准时机，一跃而上 ·····················44

冷静理智，控制情绪 ·····················47

第三章　群策群力，所向无敌 ·················59

融入团队，做强团队 ·····················60

把团队利益放在第一 ·····················65

互相支持，彼此成就 ················· 69

绝对服从上司的决策 ················· 71

第四章 勇于负责，敢于担当 ······· 75

责任意味着担当 ··················· 76

一切责任在我 ····················· 80

有责任感才能成就非凡 ············· 84

责任使人意气风发 ················· 87

勇于负责才有尊严 ················· 91

第五章 忠诚是一种美德和能力 ··· 97

团队的力量源于忠诚 ··············· 98

忠诚本身就是一种能力 ············ 101

忠诚有时比能力更重要 ············ 107

忠诚者比常人多走一步路 ·········· 111

自己是忠诚的最大受益人 ·········· 114

第六章 紧盯猎物，决不放弃 ···· 119

勤奋是成功的不二法门 ············ 120

咬定青山不放松 ·················· 126

不达目的不罢休 ·················· 131

以坚韧不拔的毅力，在绝望中开辟生存之路 ·· 136

意识到危机才有生机 ·············· 146

保持好的心态做事 ················ 149

第七章　狼行千里，强者心态 ……………………………………… 155

不知疲倦的激情 ……………………………………………… 156

战斗到底的信念 ……………………………………………… 163

放手一搏的勇气 ……………………………………………… 167

不甘摆布的血性 ……………………………………………… 172

舍我其谁的自信 ……………………………………………… 177

临危不乱的沉静 ……………………………………………… 180

第一章
适应环境，改造环境

　　无论是高山还是沙漠，无论是北极还是赤道边，再严酷的生存环境也活跃着狼的身影。狼对环境有着惊人的适应能力，它们不仅能适应环境，还能改造环境。这一点，非常值得人类学习。

敢于挑战逆境

狼的一生之中，每天都要为了食不果腹的食物和一丁点的饮水走很远的路。在生与死的挣扎之中，狼痛苦地成长着。

对狼来说，痛苦已成为生活中不可或缺的一部分，但它在巨大的痛苦之中也获得了巨大的收获。在无休止的拼杀与奔跑中，狼慢慢强壮了起来——赤黄的沙土地要比嫩绿色的草地更加能够锻炼狼的脚板，它脚下的老茧越来越厚，可以长时间毫不退缩地站在滚热的沙地上；它的骨骼在阳光的直射下变得粗壮，肌肉在不停地奔跑中变得饱满有力；奔跑的速度也越来越快；猎物的骨头磨利了它的牙齿，长途的奔跑练就了它有力的四肢。

狼的这种生活对认识人生的挫折和坎坷很有启发意义。

100多年前，当有人用极其尊敬的口吻问卢梭毕业于哪所名校时，卢梭的回答出人意料且引人深思："我在学校里接受过教育，但最令我受益匪浅的学校叫'逆境'。"

原来，是逆境成就了伟大的卢梭。这也印证了一句老话："自古英雄多磨难，从来纨绔少伟男。"

故事一：1975年夏天，一个18岁的农村小伙子在炸鱼时，不慎被雷管炸去了右手掌。残废之后他被迫终止了中学的学业。5年后，23岁的小伙子出门游历并拜师学画，立志要做一个画家。他怀揣几十元钱离开家乡，在外历经了两年的磨难：身无分文、无处可去的时候，曾跟街边的流浪汉睡在一起；因为衣衫褴褛，他曾经被人当成小偷抓进了收容所……他甚至一度试图以自杀来告别苦难。

——这个小伙子叫谭传华，他于1995年注册了"谭木匠"商标，多年后的今天，"谭木匠"已经名声响亮，光加盟店就有500多家。

故事二：功成名就的他，至今甚至连自己来自哪里、究竟姓什么、亲生父母是谁，都不知道。他是在不足一个月大时，就被贫穷多子的亲生父母以50元的价格卖给一对夫妇做儿子的。那是60年前的事情了。他的养父是一个养牛的，没有孩子，家境也不怎么宽裕。在20世纪50年代和60年代那段苦难的日子里，养父养母努力地呵护着他。然而，命运如残暴的狼，对待他没有丝毫温情。在他8岁那年，养母去世；养母去世后，养父又续弦；16岁那年，养父去世。从此，他彻彻底底变成了孤儿。作为孤儿的他得到政府照顾，于20岁那年被安排进了工厂。兢兢业业的他珍惜着自己来之不易的工作。在1992年，他因能力卓越而当上了集团副总裁。当一个穷孩子、苦孩子通过自己努力有了一番成就的故事正在按部就班地演绎时，命运的恶作剧再一次降临到他头上。在1998年底，他因为功高震主的原因，被内蒙古伊利集团免去生产经营副总裁一职。

——这个人叫牛根生，蒙牛集团的创始人，现在是集团董事长和总裁。

故事三：她出生在贵州省湄潭县一个偏僻的山村。由于家里贫穷，她从小到大没读过一天书。20岁那年，她嫁给了一名地质普查员，但没过几年，丈夫就病逝了。在丈夫病重期间，她曾到南方打工，她吃不惯也吃不起外面的饭菜，就从家里带了很多辣椒做成辣椒酱拌饭吃，经过不断调配，她做出一种很好吃的辣椒酱。在丈夫去世后，她为了维持生计，开始做一种廉价凉粉，白天背到龙洞堡的几所学校里卖。

1989 年，她在贵阳市南明区龙洞堡贵阳公干院的大门外侧，开了个专卖凉粉和冷面的"实惠饭店"。说是个餐馆，其实就是她用捡来的半截砖和油毛毡、石棉瓦搭起的路边摊而已。在"实惠饭店"，她用自己做的豆豉辣椒酱拌凉粉，很多客人吃完凉粉后，还要买一点辣椒酱带回去，甚至有人不吃凉粉却专门来买她的辣椒酱。后来，她的凉粉生意越来越差，可辣椒酱却做多少都不够卖。

有一天中午，她的辣椒酱卖完后，吃凉粉的客人就一个也没有了。她关上店门去看看别人的生意怎样，走了十多家卖凉粉的餐馆和食摊，发现每家的生意都非常红火。她找到了这些餐厅生意红火的共同原因——都在使用她的辣椒酱。

1994 年，贵阳修建环城公路，昔日偏僻的龙洞堡成为贵阳南环线的主干道，途经此处的货车司机日渐增多，他们成了"实惠饭店"的主要客源。她近乎本能的商业智慧第一次发挥出来，开始向司机免费赠送自家制作的豆豉辣酱、香辣菜等小吃和调味品，这些赠品大受欢迎。货车司机们的口头传播显然是最佳广告形式，她的名号在贵阳不胫而走，很多人甚至就是为了尝一尝她的辣椒酱，专程从市区开车来公干院大门外的"实惠饭店"购买。

1996 年 8 月，她办起了辣椒酱加工厂，牌子就叫"老干妈"，建厂以后，她用提篮装起辣椒酱，走街串巷向各单位食堂和路边的商店推销。一周后，商店和食堂纷纷打来电话，让她加倍送货。她派员工加倍送去，竟然很快又脱销了。很快，她的辣椒酱开始扩大生产，在 1997 年 8 月，贵阳南明老干妈风味食品有限责任公司成立了。

从此，她经营的"老干妈"成了家喻户晓的调味品，甚至走出国门，走向世界，无一家产品能与其抗衡。

——这个人叫陶华碧，"老干妈"的创始人。

艰难困苦，玉汝于成。出身贫寒也好，命运多舛也罢，如果你换一个角度看，这些未尝不是一种财富。当然，如果你在贫寒中潦倒、在多舛中随波，就谈不上什么财富了。《孟子》云："天将降大任于斯人也，必先苦其心志，劳其筋骨，饿其体肤，空乏其身，行拂乱其所为，所以动心忍性，增益其所不能。"这篇文章我们在中学时代都读过，只是中学时代的我们没有多少人生的历练，并不能对这篇文章产生太深的共鸣。如今，回头来看，对于出身平凡或出身贫寒，以及遭受或正遭受磨难的人来说，孟子至少告诉了我们两点：第一，将相本无种，英雄不怕出身低。古时如此，而今亦然。第二，所有的磨难与困苦，都可以成为锻炼能力和增强心志的手段。磨难与困苦源于外界，能力与坚韧激发于自身。

我们大家都有美丽的梦想，都在努力地行走、奔跑，只为了更好的生活。然而，世界是丰富的，有许多东西令人满意，也有许多东西令人讨厌。不管我们愿不愿意接受，两者都会如期而至。

当痛苦如冰雹从天而降，我们可能会自言自语："为什么受伤的总是我呢？我已经足够努力了，也足够倒霉了，为什么命运总是要和我作对，这个世界真的太不公平了。"谁没有沮丧过呢？然而，如果你一味地让自己在沮丧中怨恨与绝望，就永远也无法让自己在人格上成熟起来。面对残酷的现实，弱者会诅咒，而强者选择的是战斗。诅咒有什么用呢？当西班牙人在圣胡安山燃起的战火让人忍无可忍时，很多美国人开始诅咒。但一位叫伍德的上校大声呼喊："不要诅咒——去战斗！"他的呐喊伴随着手里毛瑟枪的怒吼，让西班牙人尝到了失败的滋味。

成功学之父奥里森·马登说："最高贵的绅士，他能以最不可动摇的决心来选择正义的事业；他能完全抵制住最不可抗拒的诱惑；他能面带微笑地承受着最沉重的压力；他能以平静的心态来面对最猛烈的暴风雨；他能以最无畏的勇气来对付任何威胁与阻力；他能以最坚韧的个性来捍卫对真理与美德的信仰。"30岁的男人，应该如同奥里森·马登笔下的高贵绅士，具有钢铁般的意志力，方能在人生的坎坷之旅一路过关斩将，成就自我。

人生的风雨是立世的训谕，生活的苦难是人生的老师。谭传华们并没有因"命苦"而一味沉沦。有一句意大利谚语是这样说的："即使水果成熟前，味道也是苦的。不经过霜打的柿子，不会变得绵软可口。"

成为强者与沦为弱者的区别在于——能否有效应对逆境。人生逆境有千种，应变之道有万法。每一种逆境都需要高超的智慧去应对。有些逆境只不过是水烧开前的噪声，你只需要有再添一把柴的耐心与行动就行了；有些逆境却是十字路口的红灯，警告你不要一意孤行，这时你需要另找一条适合自己的路；还有一些逆境其实只存在于你的心中，你需要大胆地打破自设的心理牢笼。

坦然接受失败

狼在捕猎时，失败的概率是很大的。科学家对许多狼群进行观察后，计算出狼失败概率约为90%。这意味狼的十次捕猎行动可能只有一次是成功的，其余的九次都是失败的。

可以想象到，那些没有经验的幼狼，那些衰老的狼，失败的概率会更高。多次的行动之后仍然可能是一无所获，但这些都是每匹狼必须面对的情形。在它们忍受着饥饿，在草丛中埋伏了几天之后，它们却可能连一只羊都抓不到。因此，狼群实际上经常处于饥饿状态。

对于狼，它们必须积极地面对失败，从失败中吸取教训。狼群面对失败，从来不会退缩和屈服，它们甚至没有一点沮丧。它们永远保持激情与信心，去投入下一次的战斗——即便下一次还是失败。

失败不是结局，而是过程。

人生在世，总会有几起几落。在我们前进的道路上，挫折和失败在所难免。

少年朋友学骑车、练游泳，往往摔跤、呛水；青年学生高考落榜，失去上大学的机会；辛勤创业者，盖起房屋却被洪水冲垮；商海弄潮儿，想赚钱反倒折了本；爱情出现风波，心上人移情别恋；朋友之间发生误会，友谊蒙上阴影……凡此种种，都是一种挫折和失败。只要有人类存在,就一定有挫折和失败存在。生活中出现逆境,也就意味着出现棘手问题需要我们解决。

如何应对问题?如果不能坦然面对它、接受它,就没办法放下它、处理它。而事实上,一旦问题出现,我们不应该发牢骚,而是要设法解决它。我们需要的是行动,而不是抱怨。若不能解决,我们也要面对它、接受它,绝不能逃避。逃避责任,损失依然在那里,改善、处理已出现的糟糕局面才是最明智的。

经过周密计划的行动也不一定完全可靠,也会发生意料之外的情况,这时候就更应该接受意外的发生,然后想办法处理它。

所以,如果计划之中的事在进行过程中发生问题,不必伤心也不必失望,应该继续努力,争取将损失减到最小,不要轻易放弃希望;如果事先经过详细考虑,判断预先的结果不可能成功,那也只好放下它,这和未经努力就放弃是截然不同的。

这一切,都需要我们冷静处理。我们要告诉自己:任何事物、现象的发生,都有它的原因。在紧急的情况下我们无法追究原因,也无暇追究原因,唯有面对它、改善它,才是最直接、最要紧的。也就是说,遇到任何困难、艰辛、不平的情况,都不要逃避,因为逃避不能解决问题,只有用我们的智慧和勇气把责任担负起来,才能真正解决问题。

日本的船井先生大学毕业后,曾在几家经营公司工作过。由于他秉性倔强,经常和上司产生矛盾,最后总是愤然离去。

船井先生充满自信而且有着卓越的才能,因而开始独立创业。但是,他主办的经营研究班开课了也没有人来听。后来他才深切体会到,别人依据的是招牌而不是个人实力。接着,他结了婚有了孩子,妻子却突然撒手而去。抱着还在吃奶的孩子,他绝望了,感到自己已无路可走。

过了一段时间他又有缘再婚，在开明大度的现任妻子的支持下，研究班在流通行业中重新开始活动。针对当时刚刚崭露头角的超市等流通行业，船井先生开始着手使其正规化的顾问工作，终于取得了不错的成果。

不可否认，正是这一切困难造就了船井先生的崛起。

船井先生劝告大家："即使是经历了自己最爱的人因某些事故死亡的痛苦，也请把它想成是命中注定的、必然的或能使你转运的事情。"

仔细想想就能明白，一味地悲伤是改变不了现状的，一切都不可能再复原，与其一味悲伤导致第二次不幸，不如振奋精神，转换思路，积极向前开拓自己的人生。除此之外没有其他可以改变现状的办法。

工薪阶层的人通过人事调动、升职、降职的变化，都会有"祸中有福，福中有祸"抑或是"塞翁失马，焉知非福"的感受吧。例如日本丸红社的社长春名和雄先生，原作为董事准备升任大阪分公司经理，由于发生了著名的洛克希德飞机公司（行贿）事件，社长、下任社长候选人以及与此相关的董事都被牵连其中，和此事件毫无关联的春名先生意外地坐上了社长的交椅。

春名先生的人生警句中有这样一段话：

"幸运女神总是从你的身后慢慢地向你走来，因此，自己也和着幸运女神的脚步慢慢地向前奔去。其间，幸运女神追上了自己并和自己并肩前行。然后，她会抓起你的身体负在背上一口气向前飞奔。"

1945 年 8 月，日本终于宣告投降。玛丽·布朗太太坐在位于加拿大渥太华的家中，静听一室的寂静与空虚。

几年前，她的丈夫死于车祸。接着，与她同住的母亲也因病去世。根据布朗太太的描述，其悲剧的发生经过是这样的：

"当许多钟声和汽笛声都在宣告和平再度降临的时候，我唯一的儿子达诺，却在此时牺牲了。我已失去了丈夫和母亲，如今儿子一死，我是完全孤孤单单的了。

"孩子的葬礼结束之后，我独自走进空荡荡的屋子里。我永远也不会忘记那种空虚、无助的感觉。世界上再也没有一处地方比这儿更寂寞的了。我整个人几乎被哀伤和恐惧所充满——害怕今后将独自一人生活，害怕整个生活方式将完全改变——而最可怕的，莫过于我将与哀伤共度余生——这才是最让我感到恐惧的。"

接下来的几个星期，布朗太太完全生活在一种茫然的哀伤、恐惧和无助里。她迷惑又痛苦，全然不能接受眼前发生的一切。她继续描述道："我渐渐地明白了时间会帮助我治疗伤痛。只是感到时间过得实在太慢了，因此，我必须做些事来忘记这些遭遇。我要再度回去工作。

"随着时间一天天过去，我逐渐对生活再度产生了兴趣——如我的朋友、同事等。一天清晨，我从睡梦中醒来，忽然发现所有不幸均已成为过去，我知道今后的日子一定会变得更好。而'用头撞墙'的举止是愚蠢可笑的，是无能的表现。对于那些我无法改变的事实，时间已教会我如何承担下来。

"虽然整个改变过程进行得十分缓慢，不是几天或几个星期，而是逐渐来临，但是，它确实已经发生了。

"现在，当我回忆那段生活，就会感到好像一条小船在经历一场巨大的风浪后，又重新驶回风平浪静的海面上。"

许多人遇上类似布朗太太这样的悲剧，往往很难接受现实，因此最好先面对它们、接受它们。当布朗太太强迫自己接受失去家人的事实，便下决心要让时间来治疗心灵的痛楚。她清楚如果抗拒命运，就像把毒药倾倒在伤口上，无法让自己开始新的生活。

有几个步骤可以让我们面对逆境——接受它，面对它，放下它，改变它。当我们的生活被不幸遭遇分割得支离破碎的时候，只有时间的手可以重新把这些碎片捡拾起来，并抚平它。但是我们要给时间一个机会。在刚遭受打击的时候，整个世界似乎停止了运行，我们的苦难也似乎永无止境。但无论如何，我们总得往前走，去完成自己生命计划中的种种目标。而一旦我们完成了这些工作，痛楚便会逐渐减轻。终有一天，我们又能唤起以往快乐的回忆，并且感受到来自新生活的快乐，而不是被伤害。要想克服不幸的阴影，时间是我们最好的盟友，但唯有我们把心灵敞开，完全接受现状并逐渐改变，我们才不会沉溺在痛苦的深渊里。

抚养三个小孩的克文女士，在医生那儿听到了一个噩耗：她的丈夫得了一种严重的心脏病，随时会病发身亡。

"我听了医生的话感到恐惧不已，并且开始担忧。"克文女士写信给朋友时，这么说道，"我几乎每天晚上都不能入睡，没多久便瘦了 15 斤，医生认为我是过于神经质。一天晚上，我又失眠了，便反问自己总是这么担惊受怕是否于事有补。到了第二天早上，我便开始计划自己应该做些有用的事。由于我丈夫精于木工，并曾亲自做出过许多种家具，所以我要求他替我做了个床头小桌。他答应下来，并且花了好几个下午认真去做。我注意到这个工作带给他极大的乐趣，过后，他又为朋友做了好多家具。

"除此之外，我们还开辟了一片园地，开始种花种菜。我们把收获最好的瓜果蔬菜送给朋友，并尽量想出一些可以帮助别人的事来做。假如一时没有什么事情，我们便坐下来讨论有关种植果树等种种计划。

"有一天凌晨一点多的时候，我的丈夫突然病发过世。后来，我发现最近这几年中，我们一直把这可怕的压力放在一边，度过了有生以来最快乐、最有意义的时光。我就是这样面对悲剧，并尽力用最好的方式去接受它的。"

克文女士选择用勇气和智慧来面对不幸，使她丈夫在人生最后的岁月里过得快乐又有意义，而她自己本人也因此留下一段美好的回忆。

生命并不是一帆风顺的幸福之旅，而是时时摇摆在幸与不幸、沉与浮、光明与黑暗之间的模式里。我们不能像鸵鸟一样把头埋在沙堆里面，拒绝面对各种麻烦，而麻烦也不会因你的消极悲观获得解决。逆境不过是人类生活的一部分，只有客观冷静地去面对，才是真正成熟的表现。

美国21岁的士兵麦克奉命参加以色列和阿拉伯之间的战争。他在一次战役中受了严重的眼伤，眼睛因此看不见东西。虽然他遭受了这么大的伤害和痛楚，但他的个性仍然十分开朗。他常常与其他病人开玩笑，并把分配给自己的香烟和糖果分赠给好朋友。

医生们都尽心尽力想恢复麦克的视力。一日，主治大夫亲自走进麦克的房间向他说道：

"麦克，你知道我一向喜欢向病人实话实说，从不欺骗他们。麦克，我现在要告诉你，你的视力不能恢复了。"

时间似乎停止下来，这一刻病房里呈现可怕的静默。

"大夫，我知道。"麦克终于打破沉寂，平静地回答，"其实，这些天来我也知道会有这个结果。非常感谢你们为我费了这么多心力。"

几分钟之后，麦克对他的朋友说道："我觉得我没有任何理由可以绝望。不错，我的眼睛瞎了，但我还可以听得很好，讲得很好啊！我的身体强壮，不但可以行走，双手也十分灵敏。何况，据我所知，政府可以协助我学得一技之长，让我维持今后的生计。我现在所需要的，就是适应一种新生活罢了。"

这就是麦克，一名拥有明亮视野的盲眼士兵。由于他忙着筹划和憧憬自己所拥有的幸福，所以他没有时间去诅咒自己的不幸。这便是百分之百的成熟——也就是我们要面对逆境的方法。每个人在有生之年都要面对这样的考验——你、我或者还有住在我们隔壁的那个邻居。

对那些叫喊"为什么这会发生在我身上？"的人来说，这里只有一个答案："你为什么不能这样面对逆境呢？"

命运并不偏爱任何人。我们每一个人都得经历一些苦难，正像我们也历经许多欢乐一样。生活本身迟早会教育我们：接受苦难的生活经历和磨炼，生活对我们每个人都是平等的。无论国王还是乞丐、诗人还是农夫、男人还是女人，当他们面对伤痛、失落、麻烦或苦难的时候，他们所承受的折磨都是一样的。不论什么年纪，不成熟的人会表现得特别痛苦或怨天尤人，因为他们不了解，生活中的种种苦难，像生、老、病、死，或其他不幸，其实都是人生必经的磨炼。

像狼一样坦然接受失败，只有经历过失败和不幸并昂首走过来的人，才是成功者。

宝剑锋从磨砺出

狼的一生充满艰辛和坎坷。在野外，一匹狼最多可以存活 13 年，但大部分狼只有 9 年左右的寿命。然而，动物园里的狼寿命通常都会超过 15 年。显而易见，狼群在野外的生活是多么艰辛，并且处处充满凶险。

生活在野外的狼必须互相争夺食物和领地，因为狼群只能在自己的领地内进行生活和捕猎，领地的大小是根据它们捕食对象的多少而变化的。而这种捕食多少的情况又取决于这个区域的猎物数量。在猎物分布较密集的地方，狼不必奔跑很远便可获得一顿美餐。但在较荒凉的栖息地，由于只有少量的猎物存在，狼则需要跑相当长的一段路才能猎得食物。如果捕猎成功，还必须警惕其他想不劳而获的动物们的袭击，并且还得特别注意自己的幼崽们，因为一不留神，狼崽们也可以成为那些想不劳而获的动物们的口中食。

伟大的文学家高尔基在《我的大学》里说："生活条件越是艰苦，我觉得自己越坚强，甚至聪明。我很早就明白：逆境磨炼人。"我国古代著名哲学家孟子说："故天将降大任于斯人也，必先苦其心志，劳其筋骨，饿其体肤，空乏其身，行拂乱其所为，所以动心忍行，增益其所不能。"

"宝剑锋从磨砺出，梅花香自苦寒来"。历史上那些有作为的人，几乎都吃过苦。成功者常把苦难当成大学的必修课钻研，心存理想，为了奋斗目标调整好自己的心态，树立起雄心壮志，勇于面对现实。在他们看来，所拥有的这些磨难正是别人所没有的拼搏动力与人生财富，而在人生的逆境中，唯有"咬定青山不放松"，坚持自己的目标，方能洗尽铅华，苦尽甘来。

江灿腾，一位坚持苦学的工人博士，1946年出生在台湾桃园大溪，是当地富裕望族的后代。他的父亲在听信算命先生的一句话——活不过35岁——之后，短短几年内，荒唐地败光家产，以享受人生。不过，老天可没让他如愿，过了35岁，江灿腾的父亲仍旧活得好好的！江家却自此陷入了困境，江灿腾也因此而辍学，开始了打零工补贴家用的日子。他做过小工、店员、工人等，他尝尽了人生冷暖，可他并不满足于当一名工人。当兵后考入飞利浦公司，他自学通过初中、高中的同等学力考试，并于32岁考上了师范大学历史系，自此踏上了学术研究之路，终于在54岁时拿到了历史学博士学位。

从工人到博士，江灿腾在家变、失学、童工剥削、失恋、癌症折磨等一系列变故中，找到了生命的价值，在生与死之间坚定了人生的信念。

美国第18任副总统亨利·威尔逊出生在一个贫困的家庭里。当他还在摇篮里时，贫穷就已经向他露出了狰狞的面孔。他深深地体会到，当他向母亲要一片面包而她手中什么也没有时是什么样的滋味。

他在10岁时就离开了家，当了11年的学徒工，每年可以接受一个月的学校教育，最后，在11年的艰辛工作之后，他得到了一头牛和六只绵羊的报酬。他把它们换成了84美元。从出生一直到21岁那年为止，他从来没有在娱乐上花过一个美元，每一个美元的消费都是经过精心算计的。他完全知道拖着疲惫的脚步在漫无尽头的盘山路上行走是怎样痛苦的感觉……

在这样的穷途困境中，威尔逊先生下定决心，不让任何一个发展自我、提升自我的机会溜走。很少有人能像他一样深刻地理解闲暇时光的价值。他像抓住黄金一样紧紧地抓住了零星的时间，不让一分一秒的时间无所作为地从指缝间流走。

在他21岁之前，已经设法读了1000本好书——想想看，这对一个农场里的孩子来说，这是多么艰巨的任务啊！在离开农场之后，他徒步到160千米之外的马萨诸塞州的内蒂克去学习皮匠。他风尘仆仆地经过了波士顿，在那里他可以看见邦克·希尔纪念碑和其他历史名胜。整个旅行只花费了一美元六美分。一年之后，他已经在内蒂克的一个辩论俱乐部脱颖而出，成为其中的佼佼者了。后来，他在议会发表了著名的反对奴隶制度的演说，此时，他来到马萨诸塞州还不到8年。

12年之后，这位曾经的农场穷小子终于凭借着多年来自己不懈的努力，熬出了头，进入了国会。

一个人的成就，常常都是从血汗、辛苦、委屈、忍耐、受苦中，点滴累积而成。人生的大成就，往往是以大苦难作为前奏的。这是因为任何称得上成就的事情都非易事，成就越大，苦难就越大。因此，著名成功学大师卡耐基说："苦难是人生最好的教育。"古今中外大量事实说明，伟大的人格无法在平庸中养成，只有经历熔炼和磨难，愿望才会激发，视野才会开阔，灵魂才会升华，人生才会走向成功。一个人如果能吃常人不能吃的苦，必然能做常人不能做的事。从这个意义上来说，能吃多大苦，就能享多大福。

松柏必须经受霜寒，才能长青；寒梅必须经得起冰雪，才能吐露芬芳。生命在苦难中茁壮，思想在苦难中成熟，意志在苦难中坚强。古今中外许多有成就的人都曾得益于清贫和苦难的磨炼。佛陀六年苦行；达摩九年的苦苦面壁；王宝钏经过十八年苦守寒窑，才能为人记忆；苏秦悬梁刺股苦学有成，才能纵横六国；勾践体验了去尝夫差粪便之苦，方有后来的奋发图强……凡此种种，不胜枚举。

可见，吃苦是人生路上的一个坎儿：迈得过去，你就成为命运的主人、人生的强者；不敢迈或迈不过去，你就成了命运的奴隶、人生的懦夫。安徒生总结自己一生的经验是："一个人必须经历一番艰苦奋斗的生活才会有些成就。"

有时候，我们吃苦是环境所迫，不得不吃。除此之外，我们还应该主动找点苦吃。没人干的苦活、挑的重担，你来上。吃苦不但可以增进自己的能力，还能磨炼自己的意志。从这个角度来看，吃苦其实就是吃"补"，可以补意志、补知识、补才能、补道德、补灵魂。

张爱玲说，成名要趁早。谁不想趁早呢？只是，天下有几人如张爱玲一样占据天时地利人和——既有天分，又出身名门？因此，对于我们这些小人物来说，与其天天叫嚣着"成名要趁早"，不如身体力行"吃苦要趁早"：趁自己年轻，有强健的身心来承受苦与难，趁早把自己投身进"苦难的大学"，以免将来无力承受苦难时，却在苦难中终老一生。

隐忍与克制

有一匹狼，经过一户人家窗下，听见女主人在对孩子吼着："再哭，再哭就把你丢出去喂狼。"

狼听见后，就待在窗下等。孩子哭了一夜，狼等了一夜。

天亮了，狼很生气，大声喊着："骗子，女人都是骗子。"

以上虽然是一则虚构的笑话，但真实地反映了狼为食物而执着的坚守，在自然界，狼为了等待一个猎杀的机会，会不知疲倦地尾随或埋伏很久。

在北美广袤的旷野上，野狼和驯鹿常常是出生在同一个地方，随后又一起奔跑。它们之间似乎并非总是处于敌对状态，有时还表现出一种和谐的关系。

危机到来的时刻，驯鹿成了狼群的食物。狼队面对如此众多而强大的敌人，并不贸然出击。因为草原上有数千只驯鹿，而且它们身材高大，雄鹿站立的肩高通常达到2米，能以1.2米的跨幅奔跑。它们的实力远远超过数量极少的狼群。

狼并不畏惧，几匹狼在鹿群旁迂回窥视，它们想出了一个很好的策略，那就是先攻其一。当发现有因为饥饿或疾病而孱弱的驯鹿出现时，它们便一哄而上。

于是就会出现这样的场景：一群分散的狼突然向一群驯鹿冲去，

18

引起驯鹿群的恐慌，导致驯鹿纷纷逃窜，这时，狼群中的一匹"剑手"会冲到鹿群中，抓破一头驯鹿的腿。狼群之所以选中这头驯鹿，就是因为它们发现它的某些特点易于攻击，随后这头驯鹿又被放回归队了。奇怪的是，当狼群攻击鹿群中的一只驯鹿时，周围强健的驯鹿并不援救，而是听任狼群攻击它们的同胞。

这样的情况一天天地重演着，受伤的驯鹿渐渐失掉血液、力气和反抗的意志。而狼群在耐心地等待时机，它们定期更换角色，由不同的狼来扮演"剑手"，使这头可怜的驯鹿旧伤未愈又添新创。最后，当这头驯鹿已极为虚弱再也不会对狼群构成严重威胁时，狼群就开始出击并最终捕获受伤的驯鹿。

实际上，此时的狼也已经饥肠辘辘，在这种数天之后才能见分晓的煎熬中几乎饿死。

有人会问，为什么狼群不干脆直接进攻那头驯鹿呢？

因为狼知道，像驯鹿这样体型较大的动物，如果踢得准，一蹄子就能把比它小得多的狼踢翻在地，非死即伤。为了保证自己不受伤害，狼保持了足够的耐心。耐心保证了胜利必将属于狼群，狼群谋求的不是眼前小利，而是长远的胜利。

在时间就是金钱的现代社会里，一切讲求快速。放眼望去，吃的是速食面，读的是速成班，走的是捷径，渴望的是瞬间发财，以至于造成大家追逐功利、普遍短视的现象。

老祖宗告诉我们，鸡肉要用小火慢慢地炖，才会好吃；拜师学艺，至少要3年以上才会有成；任何工匠，讲究的是慢工出细活。可是，我们已经把这套宝贵的生活哲学遗忘了。

在今天，人们不再脚踏实地按部就班；处处显得浮躁马虎，急功近利。

有个小孩在草地上发现了一个蛹，他捡回家，要看蛹如何羽化成蝴蝶。

过了几天，蛹上出现了一道小裂缝，里面的蝴蝶挣扎了好几个小时，身体似乎被什么东西卡住了，一直出不来。

小孩于心不忍，心想："我必须助它一臂之力。"于是，他拿起剪刀把蛹剪开，帮助蝴蝶脱蛹而出；可是它的身躯臃肿，翅膀干瘪，根本飞不起来。

小孩以为几小时以后，蝴蝶的翅膀会自动舒展开来，可是他的希望落空了，一切依旧，那只蝴蝶注定只能拖着臃肿的身子与干瘪的翅膀，爬行一生，永远无法展翅飞翔。

大自然的道理是非常奥妙的，每一个生命的成长过程都非常神奇，瓜熟蒂落，水到渠成。蝴蝶一定得在蛹中痛苦地挣扎，一直到它的双翅强壮了，才会破蛹而出。

"拔苗不能助长""欲速则不达"，这是生活的真谛。磨炼、挫折、挣扎，这些都是成长必经的过程。

"头悬梁、锥刺股""卧薪尝胆"，越王勾践的忍辱复国之路也是艰难曲折的。

在吴越战争中，越国首先兵败，越王勾践作为人质被扣留在吴国，为了取得吴王夫差的信任，忍受常人无法忍受的痛苦。

有一次，吴王夫差病了，曾作为一国之君的勾践竟然去尝夫差的大便，并大声宣布："人的粪便，如果是香的，性命便有危险，如果是臭的，表示他生理正常。吴王粪便很臭，他一定会痊愈的。"他的夫人和部下只能背后垂泪，无声叹息。

忍耐是争取时间的方法，是创造时机等待机会的方法，正如拿破仑所说："战争的成败仅在最后15分钟，因为坚持到最后的才是胜利者。"这也是我们中国人所信奉的"笑到最后的才是笑得最好的"！

每一件新事物的产生都会程度不一地给予人们久已习惯的事物和观念以极大的冲击，令人们无法接受。发明者大多遭到人们的排斥，发明之父——爱迪生所受的讥笑、指责，我们可以想象。他曾被人视为洪水猛兽，但他无视这一切，依然沉醉于自己的发明之中。发明电灯，他用了1000种方法，每一次失败，都受到别人的冷嘲热讽，他却笑笑说："与此同时，我又找到了999种不能用电发光的方法。"

发明麦当劳快餐的瑞克雷先生面对失败和讥笑表明了他的态度："继续吧！继续吧！没有任何东西可以取代忍耐和毅力。只凭自己小聪明的人不能成功，因为聪明而不能成功的人实在太多；有天才的人也不一定能成功，因为怀才不遇的人在这个世界上也着实不少；受教育也不能取代毅力和忍耐力，在今日的社会中，不是有很多自暴自弃的人吗？只有忍耐、毅力和决心方是成功的唯一要素。"

"昨夜西风凋碧树，独上高楼，望尽天涯路。"成功的道路是孤独的，脚下的路必须自己走，无数日与夜的煎熬，多少怀疑和不解，都必须承受。"高处不胜寒"，高手从来都是孤独的。

"衣带渐宽终不悔，为伊消得人憔悴。"成功的道路不会是鲜花遍地，彩霞满天，内困外难从各个方面向你袭来，令你不胜负荷，不堪忍受。

但你必须忍，只为那"蓦然回首"之间，"在灯火阑珊处"的

"伊人"。

渴望成功的人们，正在逆境顽强跋涉的人们，千万别气馁，请将"忍"字深锁在心头。

在逆境之中，学会耐心地等待时机是非常重要的，而当见到电光火石的机会，也要像狼一样迅速出击。

韩信年轻时并没有什么名气，什么谋生的手段都不会。有一天他来到护城河边钓鱼，但好久都不见有鱼上钩。有一位大婶见韩信面黄肌瘦地坐在那里钓鱼，却总也不见有收获，怪可怜的，于是就把自己带的饭递给他吃，这样一连接济了他好几十天。韩信非常高兴，就对大婶说："我将来一定好好回报您。"大婶却很生气地说："你身为大丈夫却不能自己谋生吃饭，我是看你并非等闲之辈才帮助你的，难道贪图你的回报吗？"韩信听了大婶的话，有所醒悟。

淮阴有集市，是贩夫走卒屠户等聚居的地方，常有一些无所事事的街头少年在市上游走打闹。一次，一个小混混寻衅滋事，对韩信说："别看你长得人高马大，还经常带刀带剑，其实你是个懦夫胆小鬼，有种你就把我杀了，没种你就从我裤裆底下钻过去！"一旁的人也跟着一块儿起哄。韩信瞪着他看了很久，最终还是忍住了心中升腾的怒火，趴在地上匍匐着从那人胯下钻了过去。这时在旁看热闹的人都放声哄笑起来。

后来项梁在吴地起义，来到淮阴附近要渡淮水，韩信便仗剑从军，跟随项梁，项梁死后又跟随项羽。他曾多次给项羽出主意，但都得不到采用。在刘邦当了"汉王"以后，他投奔了刘邦。在刘邦营中，韩信几经曲折，终于得到了重用，在萧何的全力举荐之下被封为"大将军"。他屡出奇谋、攻城略地，在刘邦与项羽对决的楚汉战争中起到了巨大作用，被封为"齐王"。在双方最后决定胜败阶段，可以说韩信倾向于谁，谁便可以得到最终胜利。当时有谋士劝说韩信背叛汉王投靠楚王，也有人劝他干脆三分天下自占其一，但韩信感念刘邦的知遇之恩，没有背叛他，而是辅助他在垓下打败了项羽。后来韩信被封为"楚王"，其故乡淮阴正在他的管辖之下。

　　韩信荣归故里之后，首先找到当年接济过他的大婶，赏赐了千金；而只给了那位南昌亭长一百钱；他不计前嫌，又把曾经侮辱过他的少年召来，让他做了"中尉"（掌管都城治安的军官）。可以说，正是因为韩信当年能忍受胯下之辱，没有为逞一时之勇把人杀掉，才有了后来实现自己抱负的一天。这样，监狱中少了一个冲动的犯人，而历史上则出现了一位"国士无双"的千古名帅。韩信的故事，给后人留下无尽的启迪。

舍小保大

一匹狼捕获到一只猎物，饱饱地吃了一顿。可它刚吃完，就被猎人发现，遭到了追杀。因为肚子实在吃得太饱了，狼没有办法把速度优势完全发挥出来，猎人越追越近。

面对生死危机，狼当机立断，一边跑，一边弯腰收腹，强迫自己把刚刚吃完的肉都给吐出来。吐完以后，狼的肚子空了，负担一下子变轻了，奔跑速度突然提高了许多，很快就把猎人甩在了身后。

能够果断把已经吃进肚子里的肉吐出来，以此换取逃跑的高速度，狼可以算得上是敢于"舍小保大"的典范了。此外，还有个例子：当狼在野外不慎踩中了猎人布下的捕兽夹，挣脱不掉时会自己咬断被夹的爪子以逃脱。

狼敢于且善于放弃，它明白将局部的小利益牺牲了，能够换来整体和全局上的大利益。有所得必有所失，有时为了全局利益，不得不舍弃一些局部利益，正如下围棋或下象棋时常用的一招那样：弃子而保全局。

在美国缅因州，有一个伐木工人叫巴尼·罗伯格。一天，他独自一人开车到很远的地方去伐木。一棵被他用电锯锯断的大树倒下时，被对面的大树弹了回来。罗伯格因为躲闪不及，右腿被沉重的树干死死地压住了，顿时血流不止。

面对自己伐木生涯中从未遇到过的失败和灾难，罗伯格的第一反应就是："我现在该怎么办？"他看到了这样一个严酷的现实：周围几十里没有村庄和居民，10小时以内不会有人来救他，他会因为流血过多而死亡。他不能等待，必须自己救自己——他用尽全身力气抽腿，可怎么也抽不出来。他摸到身边的斧子，开始砍树。因为用力过猛，才砍了三四下，斧柄就断了。

罗伯格此时真是觉得没有希望了，不禁叹了一口气。但他克制住了痛苦和失望。他向四周望了望，发现在身边不远的地方，放着他的电锯。他用断了的斧柄把电锯钩到身边，想用电锯将压着腿的树干锯掉。可是，他很快发现树干是斜着的，如果锯树，树干就会把锯条死死夹住。看来，死亡是不可避免了。

在罗伯格几乎绝望的时候，他想到了另一条路，那就是——把自己被压住的大腿锯掉！

这似乎是唯一可以保住性命的办法！罗伯格当机立断，毅然决然地拿起电锯锯断了被压着的大腿，用皮带扎住断腿，并迅速爬回卡车，将自己送到小镇的医院。他用难以想象的决心和勇气，成功地拯救了自己！

汉高祖刘邦死后，惠帝刘盈于公元前194年继承皇位。刘盈的同父异母兄弟刘肥此前已受封为齐王，惠帝二年，刘肥进京来朝见刘盈，刘盈则以兄长礼节在吕太后面前设宴招待刘肥，并以一家的长幼之序让刘肥坐在上座的位置上。吕太后见后非常不高兴，暗中派人在酒中投了毒药，并令刘肥为自己祝寿，企图杀了刘肥。

不料，不明真相的惠帝刘盈也一同拿着斟满了酒的杯子，起身为吕太后祝福。吕太后非常着急，赶忙拉着惠帝的酒杯把酒泼在地上。刘肥在一旁感到很奇怪，因而也不敢喝那杯酒，假装自己已经喝醉了，离席而去。后来他得知那果然是毒酒，心里极为恐慌，担心自己很难活着离开长安。

这时，随行的一个内史为他出了一个脱险的计谋。内史对齐王刘肥说："吕太后就仅仅只有惠帝这么一个儿子和鲁元公主这么一个亲女儿。如今您作为齐国的诸侯王，拥有大小七十多座城池，而鲁元公主仅享有几座城的食俸，吕太后心中自然不平。您如果献上一座郡城给吕太后，作为赠给公主的汤沐邑，太后就一定会转怒为喜，那您就不必担心了。"

刘肥采用了这个计谋，马上派人告诉吕太后，他想把自己的城郡送给公主，并尊公主为王太后。吕太后果然非常高兴地应允了，并在齐国驻京城的官邸里置酒款待了齐王一行，齐王也因此安全地回到了齐国。

关键时刻弃城保命，当然是值得的，丢卒保车，才是取胜之道。

公元 712 年，唐睿宗让位给李隆基，自为太上皇，李隆基即位，是为玄宗。当时太平公主密谋夺取政权，宰相崔湜等又依附于太平公主，于是尚书右仆射同中书门下三品、监修国史刘幽求与右羽林军将军张暐请求诛杀太平公主及其党羽。

刘幽求令张暐上奏玄宗说："宰相中有崔湜、岑羲，都是太平公主引荐的，他们整天图谋不轨，假如不及早预防，一旦发生变故，太上皇怎么能放心呢？古人说：'当断不断，反受其乱。'请陛下迅速诛杀他们。刘幽求已与我制定了计谋，只要陛下一声令下，我就率领禁兵，一举将他们诛杀。"唐玄宗认为刘、张二人说得对，可是张暐不小心泄露了他们的密谋，引起了太平公主的疑心与防备。

　　唐玄宗在得知计划泄密后，马上采取行动，将忠于自己的刘幽求、张密二人捉拿，并把刘幽求流放到封州（今广东封川县），张密流放到丰州（今内蒙古杭锦后旗西北）。

　　唐玄宗果然棋高一着。太平公主见自己的死对头悉数被唐玄宗治罪，顿时对唐玄宗放松了警惕。一年多后，唐玄宗突然调动禁兵，把太平公主及其党羽一举诛杀。唐玄宗为奖赏刘幽求首谋之功，马上任命他为尚书左仆射、知军国事、监修国史，封上柱国、徐国公。唐玄宗将张、刘二人治罪，也是一种丢卒保车的策略，反正事后还可将他们提升。

　　当断不断，反受其乱。事情紧急的时候，舍车保帅，舍弃局部利益，以保全整个大局不失为明智之举；如果优柔寡断，损失将会更大。

　　人生充满变数，要想处处都顺风顺水那是不可能的，总会有一些或大或小的灾难在不经意之间与我们不期而遇。面对危机，我们或以紧急救火的方式补救，或以被动补漏的办法延缓，或以收拾残局的方法逃离……虽然这些都是面对逆境时必不可少的应急措施，但在形势危急而又无路可退的险境之下，我们还要学会"舍卒保车"甚至"舍车保帅"。卒没了，有车尚不畏惧；车没了，有帅或可斡旋。

　　一位哲学家的女儿靠自己的努力成为闻名遐迩的服装设计师，她的成功得益于父亲那段富有哲理的告诫。父亲对她说："人生免不了失败。失败降临时，最好的办法是阻止它、克服它、扭转它，但多数情况下常常无济于事。那么，你就换一种思维和智慧，设法让失败改道，变大失败为小失败，在失败中找成功。"是的，失败恰似一条飞流直下的瀑布，看上去湍湍急泻、不可阻挡，实际上人们却可以凭借自己的智慧和勇气，让其改变方向，朝着我们期待的目标潺然而流。就像前述的巴尼·罗伯格，当他清楚地意识到用自己的力气已经不能抽出腿，也无法用电锯锯开树干时，便毅然将腿锯掉。虽然这只能说是一种损失，却避免了接下来会导致的更大的损失。丢卒保车，才有可能赢得宝贵的生命，相对于死亡而言，这又何尝不是一种成功和胜利呢？

将大败变成小败，也是一种成功。

第二章
运用谋略，出奇制胜

  狼就像一个天才的军事家，每次在攻击对手之前，它们绝不会掉以轻心、麻痹大意，即使对手只是弱小的羊，狼的行动也会小心谨慎，这是其他动物很难学会的。它们为了保证自身的安全和狩猎的成功，每次捕食都要经过细心地观察和思考，从不莽撞出击，它们一定要等到完全掌握了对手的实力，在对手最意想不到的时刻才开始攻击。

  狼不是上帝的宠儿，狼是依靠自己思考的智慧成就强者地位的。

周密谋划，精心布局

《狼图腾》中有一段记载让人记忆深刻：一大群黄羊到河边喝水，狼王发现这是一个三面环水的河湾，决定适时对黄羊实施打围。狼王在战前做了周密的部署，前一天夜里就让狼群埋伏在河边的草丛里，守候一夜，耐心等待黄羊的到来。当黄羊喝水正酣的时候，狼群突然冲出，把河湾的出口牢牢封死，所有的黄羊欲逃无路，成了狼口中的美食。

狼从不蛮干，而是精心布局，从踩点、埋伏到攻击、打围，都安排得相当严密，从而保证了作战的胜利，也把狼的高度智慧尽情显现了出来。

不论做什么事，事先有周密的谋划才能稳操胜券。

春秋时期，齐国有田开疆、古冶子、公孙捷三勇士，很得国王齐景公宠爱。三人结义为兄弟，自诩"齐国三杰"。他们挟功恃宠，横行霸道，目中无人，甚至在齐王面前也"你我"相称。乱臣陈无宇、梁邱据等乘机收买他们，企图密谋夺取政权。

相国晏婴眼见这种恶势力逐渐扩大，危害国政，不由得暗暗担忧。他明白奸党的主力在于武力，三勇士就是王牌，因此屡次想把三人除掉，但他们正得势，如果直接行动，齐王肯定不依从，反而弄巧成拙。

　　有一天，邻国的鲁昭公带了司礼的臣子叔孙来访问，谒见齐景公。景公立即设宴款待，也叫相国晏婴司礼；文武官员全体列席，以壮威仪；三勇士也奉陪左右，威武十足，摆出不可一世的骄态。

　　酒过三巡，晏婴上前奏请，说："眼下御园里的金桃熟了，难得有此盛会，可否摘来宴客？"

　　景公即派掌园官去摘取，晏婴却说："金桃是难得的仙果，必须我亲自去摘，这才显得庄重。"

　　金桃摘回，装在盘子里，每个有碗口般大，香浓红艳，清香可人。景公问："只有这么几个吗？"

　　晏婴答："树上还有三四个未成熟，只可摘六个！"

　　两位大王各拿一个吃，佳美可口，互相赞赏。景公乘兴对叔孙说："这仙桃是难得之物，叔孙大夫贤名远播，有功于邦交，赏你一个吧！"

　　叔孙跪下答："我哪里及得上贵国晏相国呢，仙桃应该赐给他才对！"

　　景公便说："既然你们相让，就各赏一个！"

　　盘里只剩下两个金桃，晏婴复请示景公，传谕两旁文武官员，让各人自报功绩，功高者得食此桃。

　　勇士公孙捷挺身而出，说："从前我跟主公在桐山打猎，亲手打死一只吊睛白额虎，解了主公的围，这功劳大不大呢？"

　　晏婴说："擎天保驾之功，应该受赐！"

　　公孙捷很快把金桃咽下肚里去，傲眼左右横扫。古冶子不服，站起来说："打虎有什么了不起，我在黄河的惊涛骇浪中，浮沉九里，怒斩骄龟之头，救了主上性命，你看这功劳怎样？"

景公说:"真是难能,若非将军,一船人都要溺死!"说着便把金桃和酒赐给他。可是,另一位勇士田开疆却说:"本人曾奉命去攻打徐国,俘虏五百多人,逼徐国纳款投降,威震邻邦,使他们上表朝贡,为国家奠定盟主地位。这算不算功劳?该不该受赐?"

晏婴立刻回奏景公说:"田将军的功劳,确比公孙捷和古冶子两位将军大十倍,但可惜金桃已赐完了,可否先赐一杯酒,待金桃熟时再补?"

景公安慰田开疆说:"田将军!你的功劳最大,可惜你说得太迟。"

田开疆再也听不下去,按剑大嚷:"斩龟打虎,有什么了不起?我为国家跋涉千里,血战功成,反受冷落,在两国君臣前受辱,为人耻笑,还有什么颜面立于朝廷之上?"说完便拔剑自刎而死。

公孙捷大吃一惊,亦拔剑而出,说:"我们功小而得到赏赐,田将军功大反而吃不着金桃,于情于理绝对说不过去!"手起剑落,也自刎了。古冶子跳出来,激动得几乎发狂:"我们三人是结拜兄弟,誓同生死,今两人已亡,我又岂可独生?"

话刚说完,人头已经落地,景公想制止也来不及了。齐国三位武夫,无论打虎斩龟,还是攻城略地,确实称得上勇敢,但是只有匹夫之勇,用两个桃子便断送了他们的性命。因为他们不能忍耐自己的骄悍之勇,才会被晏婴利用。

这就是历史上有名的"二桃杀三士"的故事。

晏婴可以说是一个设局的高手。他的高明在于利用两个桃子三人无法分的客观事实,不动声色地将三个武士巧妙地置于互相竞争的局势之中,无论这三个武士如何解决这起"金桃事件",晏婴始终都处于一个很安全、很隐蔽的位置。晏婴通过周密谋划，做了这个局之后就可以作壁上观了。这个局对于晏婴来说，最坏的结果无非是三个武士中有一人甘愿放弃而换来三人的和平，可以接受的结果是三个武士因分桃而彼此怨恨、心生芥蒂。而"二桃杀三士"的结果，对于晏婴来说肯定是最佳的。

从这个人尽皆知的历史故事中，我们可以看出周密谋划的强大力量。本来是义结金兰的兄弟，只是因为处于一个特殊的局势之下，居然会做出如此匪夷所思的事情来。所以，在非常时期，策划一些巧妙之局，也不失为一种克敌制胜的高招。

但对于设局，最忌讳的就是把局设得生硬、突兀。因为人人皆有防备之心，一旦感觉出异常就会凡事三思。这好比狼在围攻猎物前，总是伏身潜行，稀松平常却暗藏杀机。

足智多谋，稳操胜券

像羊一样吃草并不需要太多智谋，低下头咀嚼就好了。

像狼一样吃肉，就需要足智多谋了。因为在血腥杀戮面前，没有哪一只动物不拼命逃跑或殊死反抗。

所以，狼历来是足智多谋的。当然，人类基于自身立场，也会贬之为"奸诈狡猾"。

足智多谋也好，奸诈狡猾也罢，说穿了是立场不同的产物。站在蜀国立场，诸葛亮足智多谋；站在曹魏立场，诸葛亮奸诈狡猾。

石油大王洛克菲勒在构筑他的"石油王国"的艰难征途中，不知吞并了多少家石油公司，消灭了多少个竞争对手。他的足智多谋，让人叹为观止。

当年湖宾铁路董事长华特森与宾夕法尼亚铁路公司董事长斯科特企图独霸铁路运输，为争取有力的外援，华特森代表斯科特专程去拜会洛克菲勒，提出了"铁路大联盟"的计划。

洛克菲勒一听，顿时心花怒放，机会来了！但他一向老奸巨猾，居然喜怒不形于色地与华特森密议了很久。

华特森回去后，对斯科特做了详细汇报。斯科特觉得事关重大，于是亲自出马，与洛克菲勒谈判，终于敲定了商战史上一个最恶毒的阴谋。

按照双方签订的秘密协定，双方联合成立一家控股公司——"南方改良公司"。洛克菲勒答应全力支持斯科特"铁路大联盟"的构想，把所有的运输石油的铁路公司联合成一体，与特定的石油业者合作，从而挤垮那些竞争对手。斯科特则任由洛克菲勒来选择加入控股公司的石油企业，以极其便利的条件把那些被他拒之门外的石油企业——挤垮。

于是，石油铁路运费空前暴涨，一夜之间居然提高了32倍，而洛克菲勒及其同盟者的石油企业由于加入了这个大联盟，享受到运费价格一半的高额折扣，而那些被拒在联盟之外的石油企业则由于不堪承受高昂的铁路运费，被纷纷挤垮，由洛克菲勒一一吞并。

而对于野心勃勃的斯科特，洛克菲勒同样没有放过，只不过先抛出了诱饵，以支持斯科特建立铁路大联盟的方式，使斯科特误把自己当作盟友。当洛克菲勒把竞争对手一一吞并，昔日的仇敌变成麾下猛将时，围歼斯科特的时机到了。

洛克菲勒重新建立了石油生产者联盟，向不给予折扣的铁路界联合宣战，一下子击中了斯科特的要害。与此同时，他拜会了铁路界中斯科特的老对手范德比尔特和古尔德，三方结成联盟，共同对付斯科特。他大力降低生产成本，向斯科特的根据地匹茨堡地区进行空前规模的大倾销，终于迫使斯科特无路可走，乖乖投降。

洛克菲勒计谋迭出，封死了斯科特谋求一线生机的所有"门"，使斯科特不得不低头认输，将旗下所有企业以340万美元卖给了洛克菲勒。洛克菲勒志得意满，整个大西洋沿岸的原油开采、运输和价格都被他一手掌握。这一大计谋的成功，使他构筑"石油王国"的路程又向前跨了一大步。

从字面上解释，智的意思是智力、智慧、智能、明智等；谋的意思是预谋、计谋、谋划、谋略等。

一件事成功与否，往往受到人、财、物、环境等诸多条件的制约。在现实与成功之间，往往存在着一段距离。在这段距离中，除了较明确的现有条件和欠缺条件外，还有不少难以把握的不确定因素。

足智多谋的人，能做到以下三点：一是能对现有情况与条件做出正确分析与判断；二是能对未来和不确定因素做出分析观测；三是能找出一个好的方法把现在与未来、目标连接起来。

成功者以智谋取胜，能面对现实与未来，做出较正确的分析与判断，为成功路上可能遇到的种种问题想出各种各样的解决办法、方案，甚至是绝招，从而能顺利地解决问题，达到目标。

那么，要以智谋取胜，应具备哪些基本素质呢？

自古有谋胜无谋，良谋胜劣谋。为什么有的人足智多谋，有的人却少智乏谋呢？做同样一件事，各有各的智谋方法，但为什么有的人成功，有的人却会失败呢？

识广智方高，有了广博的相关知识和充足的相关信息，我们就能对现实与问题分析判断得更准确，对未来和不确定因素预测得更正确。这是一个人足智多谋的基础。

试想，一个军事指挥者，假若不懂地形知识，不懂带兵用兵的方法，不懂基本武器的效力及使用，不知敌情，怎么可能有好的军事计策呢？

诸葛亮足智多谋，神机妙算，被看作智慧的化身。那么他的智谋来自哪里呢？

——来自他丰富广博的知识和对当时形势的充分了解。

刘备三顾茅庐之前，诸葛亮隐居南阳隆中，躬耕读书，广交天下名士，钻研各种兵书，探究天下大事，时间长达十年之久。他的《隆中对》对三国鼎立的判断预测，便来自他广博的知识与对大量信息的综合。之后他辅佐刘备，南北转战，建功立业，在战争的实践中将兵法知识、天文地理知识与现实情况相结合，谋划出许多诸如"联吴抗曹""草船借箭""空城计"等流传千古的智谋计策。

任何一个成功的计策，都是相关知识与相关信息综合分析和判断的结晶。所以，我们要想以智取胜，就必须在相关知识和相关信息的收集上下工夫。比如，一个企业的厂长或经理，如果想拥有成功的计策，就必须充分掌握知识和信息，这包括产品和市场的知识与信息、理财的知识与信息、人性的知识与信息。

讲究策略，注重细节

羚羊是草原上跑得最快的动物之一，即使是猎豹也很少能抓到羚羊，更不用说狮子、老虎等其他动物了，但是狼群却做到了。狼群总是能依靠各种策略成功地捕食羚羊。比如，它们会耐心地等待时机，等羚羊吃饱了之后再去追杀它们，这时羚羊根本就跑不快。而其他的动物都是只要看到羚羊就直愣愣地冲上去，因此很少成功。

组织严密的狼群，会采取连环追击的策略，并且通过细致的配合实施策略。由于狼群没有羚羊的速度快，它们会预先隔一段距离就埋伏一群狼，最开始由一群狼追逐，把羚羊群赶向预定的方向，追逐一段距离之后，就由第二群狼继续追逐羚羊群。就这样一直追下去，直到羚羊筋疲力尽，再也跑不快，狼群才开始咬杀羚羊。当一匹狼咬死一只羚羊后，并不是马上开始进食，而是继续去猎捕其他的羚羊，因为它们要为后面的狼群留下足够的食物。狼群的这种作战策略是其他动物根本不可能学会的。

在围猎动物时，狼群非常讲究策略，从来不会漫无目的地围着猎物胡乱奔跑、尖声狂叫。它们总会制定适宜的战略，通过相互间不断地进行沟通认真地将其付诸实施。

其实，人做事要想取得成功，同样需要讲究策略，注重细节。在制定策略之后，积极地将其付诸行动，才能把事情做好。

老子有句名言："天下大事必作于细，天下难事必作于易。"意思是做大事必须从小事开始，天下的难事必定要从容易的小事做起。在现实生活中，想做大事的人很多，但愿意把小事做好做细的人却很少。其实，一心渴望伟大，伟大却了无踪影；甘于平淡，认真做好每个细节，伟大却不期而至。这就是细节的魅力。如果你想要做大事，一定要记得："成也细节，败也细节。"

现代人的智商差距越来越小，对自我的认识也越来越清晰。这无疑是社会的进步。但另外一个极端又出现了，或正日益显现出来，那就是，人们过于相信自己，藐视一切细节。

不论什么事，实际上都是由细节组成的。我们纵观成功人士的成功之道，其之所以能有杰出的成就，主要是因为他们始终把细节贯彻始终。细节的竞争既是成本的竞争，工艺、创新的竞争，也是各个环节协调能力的竞争；从另一个层面上说，也就是才能、才华、才干的竞争。

海尔总裁张瑞敏先生曾说："什么是不简单？把每一件简单的事情做好就是不简单。"

凡是出类拔萃的青年，对于寻常、细微的每件事，都能认真思考，不肯安于"还可以"或"差不多"，必求其尽善尽美。他们能在简单、平凡的工作岗位中，创造机会。他们比一般人更敏捷、更可靠，自然更能吸引上级的注意，博得领导的赏识。他们每办完一件事，都能勇敢地对自己说："对于这份工作，我已尽心尽力，可以问心无愧。我不但做得'还好'，而且在我能力范围内做到了'最好'。对于这份工作，我能够经得起任何人的检查批评。"

巴尔扎克有时一星期只写成一页稿纸，但他的声誉却远非近代的某些作家所能企及。狄更斯不到预备充分时，不肯在公众前读他的作品。这些都是人们务求尽善尽美的美德。然而不少人对于职务、工作的苟且、潦草，借口时间不够，这是不对的。因为，其实时间足够使我们把每件事情办得更好。

有些人能够爬上高达百丈的大树，却在不到一丈的小树上失足跌了下来。攀登高处的时候，因为知道高，心里有了万全的准备，所以不容易疏忽；小树容易使人对它失去戒心，心情松懈，就不免大意了。所以，所谓危险，不在树的高低，而是在精神的状态。工厂工人受伤的比例，做了一两年的熟手，远比初来的生手要高得多。

所有的意外，都是由疏忽细节引起的，而习惯性的自信，却是造成这些小小疏忽的最大原因。谁又能估计世间因为"不小心"而造成生命的损失、人体的伤害和财产的损失呢？往往由于某些工作人员的小小疏忽，车辆倾覆，房屋焚毁，丧失许多宝贵的生命。铁轨上的小小裂痕，或是车轮上的一些毛病，会造成覆车之祸，伤害许多生命。因为不小心随便扔一根燃着的火柴，扔一个香烟头，结果竟然引起火灾，使得一城一镇的房屋遭到焚毁。人们往往注意大事却疏忽细节，但谁知道闯大祸的就是那些琐碎的细节！

因疏忽而造成的大灾祸，其后果令人触目惊心！比如由于商店员工工作时的不小心——包扎货物时的粗疏，应付顾客时的不细致，而使商店失去的潜在顾客和利润；由于铁路员工的疏忽，扳道工和机车司机、机械工的不谨慎，使无数乘客丧失生命。

有人开车手艺不错，已有多年驾龄，但他开车时总是小动作不断，比如点根烟，换盘 CD，和骑车的熟人打个招呼等。旁人说他他不听，反而说："我艺高人胆大，没事。"结果有一次，他在一座立交桥上连人带车从桥上冲了出去，原因再平常不过：在高速急转弯的同时，他伸手去扶了一下快要倒的矿泉水瓶。

不要以为那些潜伏着危险的不良习惯只是件小事，不要觉得你的本事大，别人眼中的危险事对你而言没有什么大不了的，总有一天，它会找上你的门，开始袭击你。

在工作中，精确与对工作的忠诚是一对孪生兄弟。一个员工做事精确的良好习惯，要远远胜过他的聪明和专长。

为什么有些人做事总是免不了犯各种错误呢？究其原因，或是由于观察得不仔细，或是由于思想的不缜密，或是因为缺少足够的理智，或是因为行动的粗劣。

工作中绝对的正确和精细，是从事任何职业的重要资本，有了这种资本，自然会受到器重，会得到信任。

现在我们所处的时代，物质高度文明，社会生活安定，人们不需要为最基本的生存问题而日日战战兢兢了。然而，谁也保证不了在风和日丽的春天，不会响起晴空霹雳。因而，我们时时要有忧患意识，做到"居安思危，有备无患"。

如果每一个人能把自己的全部心思放在工作上，人人都能谨慎小心地工作，那么不仅生命的丧失、身体的损伤、物质和金钱的损失可以大大地减少，而且人们的人格与品质，也会有一个极大的提升。

生活是由无数细节堆积而成的。绝大多数细节会像我们每天数以亿万计脱落的皮屑一样，不等落地便无影无踪了。细节虽小，却构成了人生的全部，关注细节就是关注人生，讲究细节就是讲究人生的质量与品位。

细节决定了一个人的一生。著名哲学家罗素这样说:"一个人的命运就取决于某个不为人知的细节。"细节是平凡的、具体的、零散的,如一句话、一个动作、一个微笑……细节很小,容易被人们所忽视,但它的作用不可估量。如果把一个人比作一座大厦,那无数个细节就是构成这栋大厦的基础。

"外航招空姐,200美女遭细节秒杀"——2008年年初,一则触目惊心的新闻让山城重庆的美女们很受伤。山城重庆多美女,有"五步一个章子怡,十步一个张曼玉"之盛誉。山城的空姐也颇受行内欢迎。但是,在2007年年末,拟招聘60名空姐的国际航空互联会到重庆招聘时,面对200余名应聘的美女居然"痛下杀手":三关过后留下的美女只有个位数!

那些做着空姐梦的美女,是缘何被"秒杀"的呢?在现场,有人由父母代为拎包;有人在一旁化妆,而白发苍苍的奶奶代替排队。招聘主管毫不犹豫在她们的名字上画"×":空姐是服务员,需要别人为之服务的人,何来为他人服务的意识?一位英语过了专业八级的美丽女硕士走进考场,在第一关中不到一分钟即遭到淘汰,令众多应聘者惊讶不已。考官解释她穿着长筒靴,笨重的步伐踏得地板咔咔作响。又一位美女进场,但同样很快离去。考官说,她的确很漂亮,但不懂得微笑。还有人因目光游离出局——考官认为:应聘者的眼神应柔和而自信。诸如此类的细节还有——考官茶杯里的水喝完了,自己起身倒水,应聘者无人主动帮忙;地上有个纸团,应聘者熟视无睹……以上诸多看似微不足道的细节,决定了一个女孩的空姐梦是否能够实现。

细节虽小,却在很多时候影响了一个人的成败。因此,关注细节，才能更好地走向成功。有些人不乏聪明才智，缺的就是对"精细"的执着追求。成功不但要注重策略，还不能忽视细节。一个细节的疏忽可能导致你在竞争中失败。要想做成大事，必须注意细枝末节。细节能见证品质，细节也决定成败。

看准时机，一跃而上

在西班牙山地，生活着一种特殊的狼，主要以捕捉岩羊为生。所谓岩羊，是指长期生活在岩壁上的羊。在这个十分荒芜的地带，狼恐怕只能把岩羊当作唯一的猎物。但岩羊身体灵活，长于攀登，不易被捕食，狼经常饿得饥肠辘辘。

为了捕到猎物，狼下了苦功练习攀登。同时，狼还练就了看准时机、一跃而上的决绝与勇气。要知道，在岩壁上稍不注意失足，轻则摔断骨头，重则当场丧命。

人生最大的风险是不敢冒险。没游过泳的人站在水边，没跳过伞的人站在机舱门口，都是越想越害怕，人处于不利境地时也是这样。治疗恐惧的办法就是行动，毫不犹豫地去做。再聪明的人，也要有积极的行动。

有一个 6 岁的小男孩，一天在外面玩耍时，发现了一个鸟巢被风从树上吹掉在地，从里面滚出了一只嗷嗷待哺的小麻雀。小男孩决定把它带回家喂养。当他托着鸟巢走到家门口的时候，他突然想起妈妈不允许他在家里养小动物。于是，他轻轻地把小麻雀放在门口，急忙走进屋去请求妈妈。在他的哀求下妈妈终于破例答应了。小男孩兴奋地跑到门口，不料小麻雀已经不见了，他看见一只黑猫正在意犹未尽地舔着嘴巴。小男孩为此伤心了很久。但从此他也记住了一个教训：只要是自己认定的事情，决不可优柔寡断。这个小男孩长大后成就了一番事业，他就是华裔电脑名人——王安博士。

有一副对联，上联为"诸葛一生唯谨慎"。诸葛亮以北伐为己任，曾亲自率兵六出祁山，与曹操、司马懿大军决战，可均无功而返。有一次进军，诸葛亮手下大将魏延建议："我们为什么不从子午谷进军？那里敌军少，出了谷口就离长安不远了。"可一生谨慎的诸葛亮怕万一被堵在谷中，很可能就全军覆没，便否决了魏延的提议。可是敌军掌握了他的这一特点，子午谷几乎无兵把守。看来，在这件事上，诸葛亮的谨慎有点过了。其实，谨慎于每个人来说，同样是一把双刃剑，剑的一面是考虑周全，另一面却是犹豫不决，这一把剑使用的好坏，往往会决定一个人的成败。

一位智商一流、持有大学文凭的才子决心"下海"做生意。有朋友建议他炒股票，他豪情冲天，但去办股东卡时，他犹豫道："炒股有风险啊，等等看。"又有朋友建议他到夜校兼职讲课，他很有兴趣，但快到上课了，他又犹豫了："讲一堂课才20块钱，没有什么意思。"他很有天分，却一直在犹豫中度过。两三年了，一直没有"下过海"，碌碌无为。一天，这位"犹豫先生"到乡间探亲，路过一片苹果园，望见的都是长势喜人的苹果树。他禁不住感叹道："上帝赐予了这个主人一块多么肥沃的土地啊！"种树人一听，对他说："那你就来看看上帝怎样在这里耕耘吧。"

谨慎向左，犹豫向右。人生就如一幅画，上面的一草一木都需要我们自己去思考、去设计、去描绘，并且要百般小心，才不至于留下瑕疵。我们的人生历程也是如此，只有小心谨慎地对待我们身边所有的人、事、物，才不会给自己留下遗憾。然而，"谨慎"的李生兄弟"犹豫",却是我们人生路上的绊脚石。犹豫不决者,遇事总是左顾右盼,迟迟难以决断。等到做出决定,机遇已经错过,成功化为泡影。

在人生的道路上要面临许多的抉择,当我们面对时,千万不可犹豫,不要迟疑。只有当机立断,一跃而上,才有希望成功。

冷静理智，控制情绪

狼出奇的冷静，时刻保持着高度的警惕，捕捉猎物时从不冲动，不鲁莽行事。

狼的行动高度理智：它非常注意观察自己周围环境的变化，注意任何一个在视线范围内出现的对手和猎物，不放过任何一次可进攻的机会，但它也从不莽撞出击；狼凭借嗅觉和视觉，并依循足迹等线索寻找猎物，然后尽可能悄悄地接近猎物；狼若发觉对方所处的形势较有利，便会立刻放弃跟前的猎物，转而寻找其他目标；一旦被狼相中的猎物逃跑时，狼会随后紧追，然而若无法立刻追获，便会很快打消念头；当狼靠近猎物时，会咬住猎物后脚踢不到的部位，像臀部、侧腹、肩部、颈部或脸部等。

相比较而言，我们人类却非常容易出现冲动情绪。

冲动情绪是人生的一大误区，是一种心理病毒。我们每个人都免不了冲动，在生活中我们经常看见很多人为了一点很小的事情而失去理智，从而造成无法挽回的过错，这些都是做人的大忌。

一些不知自制或不能自制的人，见色起心或见财生念，一时冲动做出违背刑律的荒唐事，将自己送入囹圄，彻底告别自由。

控制自己不是一件非常容易的事情，因为我们每个人心中永远存在着理智与情绪的斗争。自我控制、自我约束也就是要一个人按理智判断行事，克服追求一时情感满足的本能愿望。一个真正具有自我约束能力的人，即使在情绪非常激动时，也是能够做到这一点的。

自我约束表现为一种自我控制的感情。自由并非来自"做自己高兴做的事"，或者采取一种不顾一切的态度。如果任凭情绪支配自己的行动，那便使自己成了情绪的奴隶。一个人，没有比被自己的情绪所奴役而更不自由的了。

无法自制的人难以取得卓越的成就。所有的自由背后都有严格的自制作保证，人一旦无法控制自己的情绪、惰性、时间、金钱……那他将不得不为这短暂的自由付出长远的、备受束缚的代价。

无法自制定被他制。如果不希望成为被他人判处约束的"无期徒刑"或"死刑"，你就得好好管住自己。

有一次，小江和办公大楼的管理员发生了一场误会，这场误会导致了他们两人之间彼此憎恨，甚至演变成激烈的敌对态势。这位管理员为了显示对小江的不满，在一次整栋大楼只剩小江一个人时，就立即把整栋大楼的电闸关掉。这种情况发生了几次，小江决定进行反击。

一个周末的下午，机会来了。小江刚在桌前坐下，电灯灭了。小江跳了起来，奔到楼下锅炉房。管理员正若无其事地边吹口哨边铲煤添煤。小江恼羞成怒，以异常难听的话辱骂对方，而出人意料的是，管理员却站直身体，转过头来，脸上露出开朗的微笑，他以一种充满镇静与自制力的柔和声调说道："呀，你今天晚上有点儿激动吧？"

完全可以想象小江是一种什么感觉，面前的这个人是一位文盲，有这样那样的缺点，但他却在这场战斗中打败了小江这样一位高层管理人员。况且这场战斗的场合以及武器都是小江挑选的。

小江非常沮丧，他恨这位管理员恨得咬牙切齿，但是没用。回到办公室后，他好好反省了一下，觉得唯一的办法就是向那个人道歉。

小江又回到锅炉房，轮到那位管理员吃惊了："你有什么事？"

小江说："我来向你道歉，不管怎么说，我不该开口骂你。"

这话显然起了作用，那位管理员不好意思起来："不用向我道歉，刚才并没人听见你讲的话，况且我这么做，只是泄泄私愤，对你这个人我并无恶感。"

你听，他居然说出对小江并无恶感这样的话来。小江非常感动，两人就那么站着，居然还聊了一个多小时。

从那以后，两人成了好朋友。小江也从此下定决心，以后不管发生什么事，绝不再失去自制。因为一旦失去自制，另一个人——不管是一名目不识丁的管理员还是一名知识渊博的人——都能轻易将他打败。

情绪可能会给我们带来伟大的成就，也可能带来惨痛的教训，我们必须了解、控制自己的情绪，千万不要让情绪左右了我们自己。能否很好地控制自己的情绪，取决于一个人的气度、涵养、胸怀、毅力。气度恢弘、心胸博大的人都能做到不以物喜，不以己悲。

激怒时要疏导、平静；过喜时要收敛、抑制；忧愁时宜释放、自解；思虑时应分散、消遣；悲伤时要转移、娱乐；恐惧时寻支持、帮助；惊慌时要镇定、沉着……情绪修炼好，心理才健康，心理健康了，身体自然就健康。

　　面临困境，不要让消极情绪占据你的头脑。保持乐观，将挫折视为鞭策你前进的动力，遇事多往好处想，多聆听自己的心声，给自己留一点时间，平心静气地想一想，努力在消极情绪中加入一些积极的思考。

　　情绪，如果能妥善运用，是可以使人生变得更好的。只是，要实现"应用"的可能，必须先使它臣服，受你驾驭。情绪是生命的一部分，就像我们的手与脚、过去的经验、积累的知识能力等，是为我们服务，使人生更美满的。可惜的是，今天社会上有很多人都陷入了迷茫苦恼中不能自拔，成为自己情绪的奴隶。而这种情况是可以扭转的，有很多技巧可以帮助每一个人做自己情绪的主人。

　　秦朝末年，楚汉相争，在垓下，刘邦和项羽展开了决战。刘邦军队把项羽的军队包围了。为了减弱项羽军队的抵抗力，谋臣张良在彭城山上用箫吹起悲哀的楚国歌曲，并让汉军中的楚国降兵随他一齐唱。这些歌曲传到楚军营中，使楚军产生了缠绵的思乡之情。思乡之情蔓延开来，大家的斗志大为松懈。思念家乡，人们就会无心恋战，谁都渴望赶快回到家乡和亲人团聚，从而开始厌倦战争，不愿意在这场几乎败局已定的战争中白白牺牲自己的生命。

　　谁都知道，战争中，士气是极为重要的。这首歌曲中浓浓的乡情，使楚军的战斗力大减。结果项羽营中的士兵在这首歌曲的感染下，有的逃跑，有的斗志松懈，有的投降。在这种士气下，楚军在战斗中败给了刘邦的军队，项羽兵败自刎于乌江，而刘邦得了天下。其实，四面楚歌这个成语许多人都知道，是形容四面受敌，绝望无援的景况。这一计谋是张良献给刘邦来对付项羽的，而且很成功。之所以获得成功，是得益于张良对情绪的把握。我们可以想想看，楚军被困重围本身就情绪低落，这也是他们心理防线最薄弱的时刻，在这样的情境下，士兵们听到来自家乡的歌谣，自然而然会想到自己的亲人，是否安在。当这种强烈的悲痛情绪突破他们的底线时，失败也就在所难免了。实际上，张良是不自觉地利用了人类的"情绪共鸣"这一心理学原理，一举成功。

现代心理学指出，在外界作用的刺激下，一个人的情绪和情感的内部状态和外部表现，能影响和感染别人。白领丽人小璐有一次和一个客户在谈项目时，双方谈得非常投机，于是决定立刻签订合同。可当时再向公司主管申请已经来不及了。于是，小璐出面与对方签订了合同。其实细算起来，那应该算是一笔大单。但后来公司却以她擅自越权为由，向她提出了解约。当时小璐无法理解为什么自己为公司带来了效益却仍得不到信任。后来她从侧面了解到由于她的业务能力强，她在公司内部的对手向公司主管打小报告，说她与客户私下有金钱交易。而这次她与客户签订合同，让本来疑心就重的主管下决心"炒"掉她。对于这个决定，小璐非常气愤。但冷静下来后，她认为自己在这样的氛围下工作，对自己未来的发展会非常不利，这次的离职其实也是自己重新发展的一个大好契机。只是以自己被"炒"为结局，实在心里有所不甘。

于是她找到公司，要求由自己提出辞职。在谈自己的经验时，小璐觉得"被炒"未必是件坏事，知名企业有它吸引求职者的巨大魅力，但同时也要看清，作为知名企业，尤其是外企，它们有自己悠久的历史、完整的体系。这些在成为企业优势的同时，也会成为个人发展的绊脚石。小璐能控制自己的情绪，清醒地认识到自己的处境是很明智的。如果因为他人的影响，而使自己做出失控的事情来，那就是自己的损失了。

在生活中，一个人的情绪很容易会受到他人的影响，常常会因为一些对自己不利的事情而使情绪产生波动，比如：为什么老板总不给涨工资，为什么丈夫总是不理解自己，朋友为什么会在关键的时刻明哲保身，等等，这些事情会让我们一下子火药味十足。但这样的生气并不利于解决任何问题，反而会让我们的头脑不清醒，甚至做出一些让自己后悔终生的事情来。

世间任何事情都没有绝对，所以只要你心中看得开就行了，何必在乎别人怎么看、怎么说呢？如果我们以别人的看法为指南，存有这种潜意识，生活就会苦多于乐。毕竟无法尽如人意的事情太多了，如果只是为了别人而活，痛苦难过的就只有自己。既然如此，又为什么让他人来左右我们的情绪呢？

人与人之间的情绪是可以相互影响的。把一个乐观的人和一个悲观的人分在一间房子里，当他们共同生活一段时间后，会出现两种可能：一种是两个人都是乐观的人，一种是都成了悲观的人。这就是情绪的力量。它强大到可以完全改变一个人。当然，人的情绪繁多，我们处在这样一个人际关系相对复杂的社会，受多种情绪波及影响也是很正常的，关键是看我们如何选择对我们有益的。

在成年人的世界中，流传着这样一个不成文的定律：你周围6个人的价值的平均水平，就是你的价值。这个规则说明的是，身边的朋友对我们而言，就是衡量自身价值的一个重要指标——你周围的朋友优秀，可想而知你也是不错的，你周围的朋友快乐，你自然也不会太消极，你周围的朋友毫无理想和追求，那你可能也在放纵自己，你周围的人忧愁，你就很难成为快乐一族。

　　这个纷繁复杂的社会，因形形色色的人们结成各式各样的关系而精彩不断。社会是由人与人构成的，人的个体禀赋不同，所结成的社会关系不同。自从人类有了阶级，各种社会关系就以集体、群体的形象体现出来。然而这些不同常常会让人对自己没有一个很好的了解，其实利用周围的人来认识自己是再好不过了。

　　谁都不是单独生活在社会中的个体。在生活中，我们难免会形成这样或者那样的关系，比如师生关系、父子关系、朋友关系、同事关系，这些关系的背后，就是在说明我的人生是和怎样的人度过的。亲人父母不能选择，但我们的朋友却都是我们自己选择的。选择朋友的眼光，就是你自己的人生标准，久而久之，你周围的人就是跟你志同道合的人，那么，想认识自己，就看看你周围的人是什么样子。高情商的人可以利用别人的优点来强化自己。在这个过程中，对自我情绪的调节是很重要的。

　　管理你的情绪，要向驯兽师驯服不羁的野马一样，只有这样，你才能不受坏情绪的影响，否则，你很可能会做出一些不理智的事情来。

　　情绪就像心中的一把火，火光过于强烈旺盛会焚毁身心的殿堂，使平静安然的生活化为乌有。但倘若火光完全熄灭或者过于柔弱，我们则会失去体验快乐的感觉，生活会变得如白开水般乏味。人们通常会对此感到困惑：我们要如何处理情绪？是任由情绪如脱缰野马般来去自由，还是把情绪压抑下去，不让它在心灵的草原上放纵驰骋？

　　我们在谈这些之前，首先要明白一个问题：情绪本身是没有好坏之分的，它是源自内在的一种心理活动。困惑我们的，往往是我们自身对于情绪的不当处理。不懂得自我调节，不能很好地控制我们的内心也是导致压力产生的重要原因。

生活中，我们会经常听到这样的话：领导对员工说，不要把情绪带到工作中；太太对先生说，不要把情绪带回家；老师对学生说，你怎么能带着情绪和我说话……这些话语都无形地表达出我们对"情绪"的恐惧和无助。正因为这样，很多人在面对情绪到来时，往往会处理不当，轻者影响日常工作，重者甚至会让自己的人际关系受到损害，让自己身心疲惫。

一个能很好管理自己情绪的人，通常都能获得成功的人生。国外某机构曾做过这样一个实验：实验人员把一组4岁儿童分别领入空荡荡的大房间，只在一张桌子上放着非常显眼的东西：软糖。这些孩子进来前，实验人员告诉他们，他们可以在走出大厅前吃掉这块糖，但如果能坚持在走出大厅前不吃这颗糖的话，就可以获得奖励：能再得到一块糖。最后的结果是两种情况都有。专家们把坚持下来得到第二块糖的孩子归为一组，没有坚持下来只吃到一块糖的孩子归为另一组。之后，专家对这两组孩子进行了为期14年的追踪研究，最终结果显示：那些向往未来但能克制眼前诱惑的孩子，在学业、品质、行为、操守方面，与另一组相比优秀很多。这则实验说明，决定人生成功的因素并非只有传统智商理论所认定的那些东西，非智力因素特别是情绪智力对个人成功有极为重要的影响。

事实上，导致这种现象存在的并不是情绪本身，而是我们能否对情绪进行适度的调控。心理学家经过长期研究认为：人与人之间智商没有明显的差别，有人成功有人未能成功，与各自情商密切相关，情商要素之一就是自控能力。从某种意义上讲，情商表现的是人们通过控制自己的情绪来提高生活品质的能力，即如何激活潜能，克制情绪冲动，使自己始终对未来充满希望。

请记住，这点很重要：不要抵抗，试着平静下来，用理智和智慧命令情绪的野马听从你的指令。试着想象它们变得听话，逐渐安静下来，并开始慢慢地吃草。最后，情绪的野马被驯服了，你找回了平静的自己。

如果你能控制情绪的表达，在负面情绪出现时巧妙地把它过滤或者转化，同时让正面情绪自由地流露，使之成为潜意识的一种能量，那么，你就会发现情绪是一种惊人的力量：如果熟谙控制情绪的智慧，我们就能使内在的自己与当下的自己保持步调一致，并由此获得安全感，让生命的空间变得更加开阔。

控制自己的情绪和行为，是一个人有教养和成熟的表现。可是在生活和工作中，常常会有这样的人，他们总是为一点小事而大动干戈、发脾气，闹得鸡犬不宁，既破坏了和谐的工作环境，也破坏了同志间的团结。心理学家认为，冲动是一种行为缺陷，它是指由外界刺激引起，突然爆发，缺乏理智而带有盲目性，对后果缺乏清醒认识的行为。

有关研究发现，冲动是靠激情推动的，带有强烈的情感色彩，其行为缺乏意识的能动调节作用，因而常表现为感情用事、鲁莽行事，既不对行为的目的做清醒的思考，也不对实施行为的可能性做实事求是的分析，更不对行为的不良后果做理性的评估和认识，而是一厢情愿、忘乎所以，其结果往往是令人追悔莫及，甚至铸成大错、遗憾终生。

增强自制力，可以使我们有更多的机会获得成功的体验，使自己更加理智，遇事更为冷静，从而进入良性循环，使自我得到健康积极的发展。

有了较强的自制力，可以使人具有良好的人格魅力，增强自己的亲和力，更容易得到别人的认同，拥有更多的朋友和知己，使自己的交际范围更为广泛，在与朋友的交往中学习别人的优点，吸取别人的教训，进一步完善自我。

自制力可以使我们激励自我，从而提高学习效率；也可以使自己战胜弱点和消极情绪，从而实现自己的理想。怎样培养和增强自己的自制力呢？从理论上讲可以从以下几个方面进行。

（1）认识自我，了解自我，深入自己的内心

人最大的敌人不是别人，而是自己。只有认识自我，在取得成绩时，才能保持平常的心态，不会因此而骄傲自满，丧失自我，对自己的能力进行过高的估计；只有认识自我，在遇到挫折和失败时，才不会被其击倒，一如既往地为着自己既定的目标而努力，不会对自己进行过低的评价。任何人都不可能一帆风顺地成功，也没有任何事情是不需要付出任何一点努力就能完成的。当我们遇到挫折时，当我们因为各种原因而后退时，我们就必须重新认识自我，只有在正确认识自我的基础上，我们才能重新找回自己的航行坐标，朝胜利方向前进。

我们随便找几个人问他了解不了解自己，得到的回答一般都是肯定的。很多时候，人们总是认为自己对自己最为了解，其实，你真的了解自己吗？不，其实很多人根本不了解自己，根本不能正确地认识自己。

很多时候，我们总认为自己是对的，但当事情有了结果之后，

我们才发现自己的错误，我们常常以为自己完全了解自己，其实我们是被自己蒙蔽了，或者说我们自己不愿意去正确地认识自己，我们情愿被表象所麻痹。

怎样才算是认识自己了呢？认识自我，就是对自己的性格、特点、长处、短处、理想、生存目的、价值观、兴趣、爱好、憎恶、心理状态、身体状态、生活规律、家庭背景、社会地位、交际圈、朋友圈、现在处于人生的高峰还是低谷、长期或短期目标是什么、最想做的事是什么、自己的苦恼是什么、自己能够做什么、自己不能做成什么等方面做出正确全面的综合评估。

（2）学会控制自己的思想，而不是任由思想支配

人的具体活动，都是由思想进行先导的，每个行为都受着思想的控制，有的是无意的，有的是有意的。但是，思想是构建在肢体之上的，它必须起源于我们的身体。在思想控制活动之前，我们就一定要先主动积极地对其进行正确的引导或者控制，修正其中的错误，发出正确的行动指令。这样，我们的行为才会减少冲动因素，我们的情绪也更为稳定，能更为理性地看待问题。

要想控制思想，让其受我们自身的驾驭，就要知道自己想做什么，能做什么，不能做什么。当明确了这些之后，我们在思想上就可以为自己的行为定下一个准则，利用这个准则来指导自己该做什么，不该做什么。

要想掌控自己的思想不是件容易的事情，在活动进行的过程中，我们原先为自己定下的准则会时不时地受到各种因素的影响，使得我们所坚持的准则开始动摇甚至坍塌，所以，在活动进行的过程中，我们要时常检讨自己的行为，思考自己的得失，减少冲动、激进的

心理，这样才能重新夺回思想的控制权，使自己的行为更为理性。

（3）树立远大的目标

一个有远大目标的人，能不理会身边的嘈杂而专注前行；一个想去麦加朝圣的行者，不会轻易在路途中听别人的话而改变路线，也不会轻易因别人的挑衅而拔刀相向。勾践因为有复国雪耻的目标，因此不会因为夫差的羞辱而冲动。

因为有了努力的方向，所以不会盲目行动；因为身负重任，所以心无旁骛前行。有了自己最想完成的目标，我们的思想和行为或多或少都会受其影响，在一定程度上可以矫正我们的思想和行为，对我们自制力的增强将会起到积极的作用。

第三章
群策群力，所向无敌

　　好虎架不住群狼。老虎是森林里的王者，和同为食肉动物的狼是生存竞争对手。为了争抢猎物，群狼斗一虎的情况并不鲜见。狼是群居动物，懂得团队合作，性格凶猛，生性狡诈，经常在与狮子、老虎的角力中取胜。至于豹子，更是狼群的手下败将。

融入团队，做强团队

狼群最伟大的品质就是它们的合作精神，我们几乎可以将狼群的行动看成是"合作"的典范。狼之所以伟大，就是因为它们的合作精神。

狼不同于虎和豹，它们是一种群居动物。它们狩猎的时候是靠集体的力量，既有明确的分工，又有密切的协作，齐心协力战胜比自己强大的对手。许多动物不怕单独的狼，但是一群狼、一群有着团队精神和严密组织与配合默契的狼，足以让狮、虎、豹、熊等猛兽色变，足以使其他任何比其更为凶猛的猛兽胆怯。

猎豹拥有世界第一的奔跑速度，但其种群却并没有发展起来，倒是狼群的数量更多。

建立和加入团队，是成就自己的更高级的办法。人类是其中的典型代表，人在体力不利的情况下，依靠合作在竞争中战胜了其他动物。

每个人都不是生活在真空里，而是生活在现实社会中。每个人都是一个社会中的人。社会是一个整体，它是由若干个团体组成的社会整体。任何人离开了团队，离开了社会，都将会一事无成。任何人的成功都离不开别人的支持和帮助，离不开团队和社会的认可。"一个好汉三个帮，一个篱笆三个桩"，说的就是这个道理。从古至今，没有哪个人是靠单打独斗闯出天下的。任何一个经常忌妒别人、极端自私、搬弄是非、卑鄙的小人，都不可能被团队和社会整体所接受。最终都会被团队和社会无情地抛弃。正因为这个道理，我们说宽容大度是成功必备的品质。那些小肚鸡肠、心胸狭窄的人，根本成不了大事。

现代社会里，谁脱离群体，就会失败；失败了还要坚持孤立，那这个人就是个彻底的失败者了。在这个现代社会的大舞台中，个人的力量是渺小的，是微不足道的，而善于合作，则是使你走向成功不可或缺的重要品质。

1+1>2 的道理并不难懂，可一旦具体实施，就不一定做得到了，要么不努力去找人合作，要么不善于与人合作。总之，真正理解并很好地运用这个公式并能深刻理解这道理的人不常见。你没必要独自一个人去实现你的梦想，也不应当这样。

一个叫瑞凡的小孩子跟小伙伴在废弃的铁轨上单独行走，看谁走得最远。结果瑞凡和朋友只走了几步就都跌了下来。

后来，瑞凡跟他的朋友分别在两条铁轨上手牵着手一起走，他们便可以不停地走下去而不会跌倒。这就是互帮互助的"合作精神"。如果你帮助其他人获得他们需要的事物，你也能因而得到想要的事物，而且帮助得越多，得到的越多。

每个人都不是三头六臂，你自己不可能有太多的精力；你在此方面是天才，可能在另一个方向却近于智障者；你在此领域呼风唤雨，却可能在另一个领域寸步难行。

众人拾柴火焰高。一般而言，大凡古今中外的事业有成者，往往都是团结合作的好手；都是能将他人的聪明才智"集合"起来的高手；都是能将合作者的潜能充分调动、发挥的能手。汉高祖刘邦在平定天下、设宴款待群臣时颇有感慨地说了一番话，翻译成现代白话文是："运筹帷幄，决胜千里之外，朕不如张良。治国、爱民，萧何能有万全计策，朕不如萧何。统率百万大军，百战百胜，是韩信的专长，朕也甘拜下风。但是，朕懂得与这三位天下人杰合作，所以朕能得到天下。反观项羽，连唯一的贤臣范增都团结不了，这才是他步入垓下逆境的根本原因。"

可能会有人问：我也想与人合作，但就是合作不了，什么原因呢？

第一，与自己的私心太强有关。合作需要人的无私，需要利益共享。有些人的私心太强，什么利益都想自己独吞（或占大头），凡涉及名利之事都想自己优先，都想将他人排斥在外，自己一点小亏都不肯吃；有些人的功利主义色彩太强，对合作者采取实用主义的态度，用到他人时，什么都好商量，不用他人时，则采取将人一脚踢开、理都不理的态度。一个人若是对合作者采取这样的态度，那么是永远合作不好的，而且合作不久也会马上解散。

第二，与自己不能平等待人有关。合作需要人与人之间的平等，需要人与人之间的尊重。但是，有的人却不是这样，他们总是将自己看作主人，将自己的合作者看作"被恩赐者"，因而有意无意地露出一副有优越感的样子来，不懂得尊重人，缺少民主精神，在合作者面前他永远是个指挥者、命令者，让合作者感到很不称心，时间一长，这种合作也将面临不欢而散的结局。

第三，与自己对他人的苛求有关。有的人虽然很有能力，私心也不多，对自己的要求也很严格，但是就是别人不愿意在他手下工作。什么原因呢？就是因为这类人不太懂得"人非圣贤，孰能无过"的道理，往往将对自己的要求也强加到合作者的身上，自己在节假日加班加点，也不让其他人休息，谁要休息，就认为他是想偷懒，就是不好好工作，就批评指责人家。这类人还有一个毛病，即总是要将自己的意志强加于人，什么事情都得听他的，都必须按他的意见办事，时间一长，谁能受得了？最后，一定是以合作的失败而结束。

第四，与自己情感上的毛病有关。有的人什么都好，就是自己太偏执、太怪僻、太凭印象办事。对自己认为是"中意的人"，就一好百好，什么事情都好说，而对那些自己感到"别扭的人"，整天板着脸，总是持一种怀疑、偏见和对抗心理去审视对方的一切，只要是这些人提出的意见，他从内心就反感，更谈不上去共同完成，有时甚至故意找碴儿发难，在这种状态下怎能合作得好呢？

那么，我们应该怎样加强合作精神呢？

要与他人合作得好，就必须克服自己的私心，不能只顾自己，不顾别人，而是要做到"宁人负我，我不负人"，最起码要做到"利益共享"，对方该得到的就要让人得到，甚至得到的还要多一些。

要与他人合作得长久，就要像唐代大诗人李白所说的那样："不以富贵而骄之，寒贱而忽之。"让他人感到自己也是合作项目的主人，感到很顺心。

要与他人合作得好，就必须做到不苛求合作者（当然，这并不是说无原则地一味迁就合作者），不吹毛求疵，多一点宽容忍让，做到"勿以小恶弃人大美，勿以小怨忘人大恩"，让合作者感到他工作的环境和谐、融洽，这样的合作才能牢固、长久。

要与他人合作得好，必须要多为他人想一想，多多帮助对方，尤其是当合作者有困难时，更需及时地伸出帮助之手，让对方真切地感到你在同情他、帮助他，在替他分忧解愁。

要与他人合作得好，必须经常认真反思，想一想最近的合作状况。想一想自己有哪些过错，还有哪些地方可以改进……多一点反思肯定会使自己与他人的合作更愉快。

记住：沦为独狼是十分可怕的事。成群的狼甚至能让狮虎退避，而独狼的性命却如风中枯叶。每一群狼都有自己的领地，它们凭借嗥叫声和气味来划定疆界。几乎所有可以活动的地域都被狼群分割了。独狼是绝不敢贸然闯入这些领地的。独狼所能活动的地方处于狼和人的交界处，在这个夹缝里求生，得时刻提防同类的仇杀和人类凶险莫测的袭击。

把团队利益放在第一

狼是一种团结合作的动物，具有非常强的集体主义精神。狼始终将集体的利益、团队的利益放在第一。

这点可以从猎狼人卢嘉·布尔迪索的故事中体会到。

有一次，布尔迪索和好友艾迪发现一群狼，有二三十只。当时，他们带了足够的弹药，足够杀死全部的狼。艾迪先开枪杀掉了一只，狼群发现他们之后并没有乱，而是有序地向山谷的方向跑去。他们骑上马开始追击。跑了很长一段距离后，他们渐渐追上了狼群。

正当他们举枪射击时，有三匹狼突然转回头，迎面冲了过来。当时，他们一下子紧张起来，不得不小心翼翼地对付这三匹狼。这三匹狼并没有走直线，也没有冲到他们面前，而是蛇形迂回，这浪费了两人的不少时间与弹药，才将三匹狼击毙。

等他们搞定这三匹狼，其他的狼翻过了山脊就不见了。他们明白它们是为了狼群能够逃脱，而牺牲了自己。

狼群在集体利益中看到了自己的利益，懂得集体的长存便意味着自我的生存。

这种素质也正是我们人类所应该具备的，它会指引我们时刻以确保集体利益为首要目标，从而达到集体与个人利益的合二为一。

个人再完美，也就是一滴水，一个高效的团队才是大海。的确，个人与团体的关系就如小溪与大海的关系，只有把无数个人的力量凝聚在一起时，才能迸发出难以抵挡的力量。

2004 年雅典奥运会中国女排夺冠就能很好地说明这个问题。比赛开始之前，人们都把夺冠的希望寄托在身高 1.97 米的赵蕊蕊身上。之前，意大利排协技术专家卡尔罗·里西先生在观看中国女排训练后很肯定地认为，赵蕊蕊发挥的好坏将决定中国女排奥运会上的最终成绩。不幸的是，在第一场奥运会比赛中，赵蕊蕊就因腿伤复发无法上场了。此刻，人们都有这种担忧："没有了赵蕊蕊的中国女排是否还有夺冠的实力？"

当时的中国女排实力确实也很一般，在小组赛中就输给了古巴队。很多国家当时都不看好中国女排。难道真的没有希望了吗？在历经了艰难的打拼之后，奇迹发生了，中国女排不仅杀进了决赛，而且在与俄罗斯女排争夺冠军的决赛中，身高仅 1.82 米的张越红一记重扣，宣告这场历时 2 小时 19 分钟、出现过 50 次平局的巅峰对决的结束。中国女排摘得了久违 20 年的奥运会金牌。

那么，中国女排是怎样在外界不看好、主力退出的情况下反败为胜的呢？陈忠和在赛后接受采访时说："当时，我们没有绝对的实力去战胜对手，只能靠团队精神，靠拼搏精神去赢得胜利。"

由此可见，团队精神是多么强大。许许多多困难的克服和挫折的战胜，必须依靠整个团队去实现。一个人解决不了的问题，团队可以解决；一个人无法战胜的困难，团队可以战胜。团队就是有力的支撑，团队就是取之不尽、用之不竭的力量源泉。很多时候，一个团队给予一个人的帮助不仅是物质方面的，更多在于精神方面。因此，每个员工都应该具备团队精神，融入团队，以整个团队为荣，在尽自己本职的同时与团队成员协同合作。

团队合作的过程中肯定也会遇到很多意想不到的困难和问题，因此，只有树立与团队风雨同舟的信念，像蚂蚁军团那样有维护集体利益为集体争光的荣誉感和使命感，才能和团队一起得到真正的发展。

曾经有一位英国科学家做过这样一个试验：

他把一盘点燃的蚊香放进了蚁巢里。开始时，巢中的蚂蚁惊慌万状，四散奔逃。过了十几分钟后，便有蚂蚁主动向火冲去，喷射自己的蚁酸。由于一只蚂蚁能射出的蚁酸量十分有限，马上就有很多"勇士"加入。虽然它们都不幸葬身火海，但是，又有更多的蚂蚁投入"战斗"之中。几分钟便将火扑灭了。

过了一段时间，这位科学家又将一支点燃的蜡烛放到了那个蚁巢里。虽然这一次的"火灾"更大，但是蚂蚁吸取了上一次的经验，它们不再孤军奋战，而是抱成一团，有条不紊地作战。结果，不到一分钟，烛火便被扑灭了，而蚂蚁无一殉难。

蚂蚁在大火面前奋不顾身、团结一致的协作精神就是与团队风雨同舟的表现。

对动物来说，种族的繁衍和生存往往是最重要的，它们通常都会通过各种方法途径来保障群体的利益。一名优秀的、有着长远眼光的人深知集体的价值所在，他懂得：一滴水很快就会干枯，只有当它投入到大海的怀抱后，才能永久地存在。个体也只有和集体结为一体，才能获得无穷的力量，才会事半功倍地取得成功！

在企业发展的过程中，也会有很多"火焰山"等待我们去跨越。要跨越这些火焰山，单打独斗肯定行不通。特别是在知识经济时代，竞争已不再是单独的个体之间的，而是团队与团队之间的竞争、组织与组织之间的竞争。只有团队的每一位成员紧密合作，团队才会有更大的发展空间，个人才会在团队中占有不可估量的地位。因此，任何精英人物，都要告别孤军奋战，融入团队这个奔腾不息的大海，汇聚起巨大的能量，才能产生排山倒海的力量，去克服前进道路上的困难，创造一切惊人的奇迹。

互相支持，彼此成就

严冬，大地一片银装素裹。

厚厚的积雪掩盖了动物小径，一群狼不得不踩着积雪寻找猎物。

狼群最常用的一种行进方法是单列行进，一匹挨一匹。领头狼的体力消耗最大。作为开路先锋，它在松软的雪地上率先冲开一条小路，后面的狼在沿着小路行进，会省力很多。

等领头狼累了，便会让到一边，让紧跟身后的二狼接替它打前阵。这时头狼会殿后，养精蓄锐。等到二狼也累了，就会将接力棒交给三狼……

他们井然有序地跋涉，将"一"字队伍延伸到远方！

古人云："施人慎勿念，受施慎勿忘。"对于那些成功的企业或单位来讲，正是由于客户的鼎力相助，才能使企业从竞争中脱颖而出。面对客户的选择与支持，我们能不心存感激地满足他们的要求吗？作为销售人员，要常怀感恩之心。

李红是一家保险公司的营销员，入行已经十多个年头了。然而，她并没有因此而厌倦这种生活，相反，却是越来越热爱工作，因为这份工作教会了她许多东西。现如今，依靠着客户，她已经在行业内小有名气。其实，刚入行时的她也是走了很多弯路的。

最初的一年多里，她也遇到了许多困难。谁都知道做保险难，每天都要遭遇许多拒绝的声音，甚至有些人还会露出不屑的眼神，这些都让她难以接受。有时，她也会抱怨，会向客户发牢骚，情绪不是很好。因而，在最初的半年多里，她根本没有做成一单生意。后来，还是一位同行的前辈告诉了她个中的秘密。那就是，用感恩的心去对待每一位客户。起初她并没理解其中的含义，后来，一次偶然的事件让她改变了看法。

经过一段时间的努力，她终于做成了一单生意，小小的成绩让她很感激眼前的"恩人"，于是热情地为对方服务。离开前，客户竟然一个劲儿地夸奖她服务态度好，这也让她的心中得到了极大满足。没过多久，这位客户竟然给她介绍了另一位客户来。这让她明白了用感恩的心对待客户，客户会回报给你更多的东西。

从那以后，李红便开始严格要求自己，用真诚与感激面对每一位潜在的客户。经过努力，她的客户资源越来越多，当然，她的收入也越来越多。尽管现如今她已从保险行业中收获了很多，可她还是会感谢那些曾经给予过她支持的人，用实际行动去回馈那些与她合作的每一个客户。

这告诉大家，与客户的沟通中常怀感恩之心，更有利于实现双方的合作，达到最终的目的。

绝对服从上司的决策

　　狼是一种非常团结的动物，狼群中，等级明确，组织严密，为了共同的目标而奋斗，这是狼群中每个成员的一致信念。因此，狼的原则性、纪律性都非常强。突出团队精神，绝对不内讧。

　　除了良好的团队合作，狼群中一般还会有一匹头狼，作为领导来指挥狼群行动，一旦确定了谁是头狼，那么其他狼就会对头狼的指令绝对服从。

　　在任何时候，每一匹狼都要听从头狼的指挥。不愿服从的，要么打败头狼自己当头狼，要么离开狼群另谋生路，这是它们的铁律，也是它们成为陆地生物食物链中最高终结者之一的重要原因。

　　狼是一种执行力很强的动物。对于头狼的命令，狼群中的成员会毫不犹豫地执行。它们接到头狼的命令后，总是想尽一切办法，克服一切困难，将命令执行到底。

　　你没看错："头狼的决策总是对的！"

　　也许你会说："不对啊，我的上级某个决策，后来就证明错了，而且是大错特错。"

　　可是你想过没有："即使他有错，概率也不大。"部队执行命令的时候，从来没有说首长的命令100%的正确。如果换下面的人来指挥、来下命令，他不见得有30%对。

　　还会有人不服："小概率也是错啊，上级的决策明明是错误的也要执行吗？"且慢，你是如何判断上级的决策 100% 错误的？上级决策可能会有错。但是他 90% 是对的，只有 10% 是错的，而下面的人则至少 70% 是错的。下级无条件执行只有 10% 的错误概率，按照自己的理解去执行的错误概率是 70%。两害相权取其轻，任何时候默认上级是对的都不会出错。

　　之所以有些下级不理解上级的决策，是因为上下级所处地位不同，所承担责任不同，所追求的目标不同。这些差异体现在几个不对称上，正是这几个不对称，决定了要完成公司目标，下级必须坚决执行。

　　第一个是信息不对称。有人说公司高层高高在上，我在基层，实际情况我最了解，所以我不执行。但问题是，你管着一小片，犹如井底之蛙，把井里的东西看得再怎么明白，与公司大局相比也是不值一谈。再说，上级了解下面很容易，自己走一趟，或派个人调查一下，什么都解决了。你要想了解公司全局就不可能了，不在那个位置上，根本接触不到全面的信息。

　　第二个是目标不对称。上级是从战略层面考虑问题的，你是从战术层面考虑的。比如在战场上，司令官的目标是赢得整场战役，而作为团长的你的目标可能是夺取某个山头。当司令官下令你不惜一切代价夺取山头时，这个山头在你看来没有多大价值，而且要花的代价太大了，不如进攻另一个堡垒。但你也得没有任何借口地坚决执行。最后，你的部队全部打光，也没有完成攻占山头的任务，但司令官另派的一支队伍攻下了堡垒，为赢得战争打下了坚实基础。也就是说，上级的本意是用你去牵制敌人的火力，从而顺利拿下堡垒。只是他没必要告诉你，也不能告诉你。企业在市场竞争中虽然不会如战场那么血肉横飞，但亦是硝烟弥漫。很多时候，即使明知是亏大本的买卖，你也不能自作聪明不去执行。因为，你并不知道上级在下一盘多大的棋。你如棋盘上的马、炮，叫你冲你就冲，哪怕被吃掉，只要最终战胜对方就行。

我们都知道军队的战斗力是非常令人佩服的。这种战斗力首先就来自士兵们强大的执行力和服从力。在军营中，上至军官，下至普通士兵，被灌输的第一个概念就是"服从"。一旦上级下命令，就不可动摇，下属就要坚决服从，即使士兵感到这种决策不可思议。

巴顿将军要提拔人时，常常把所有的候选军官排到一起，给他们提一个他想要他们解决的问题。例如，他会说："伙计们，我要在仓库后面挖一条战壕，2.5米长，1米宽，15厘米深。"

他就告诉他们那么多，然后转身走了。他会躲在一个建筑内，通过窗户观察他们。他看到士兵们把锹和镐都放在地上，他们休息几分钟后开始议论为什么要他们挖这么浅的战壕，有的说15厘米深还不够当火炮掩体，其他人则争论说，这样的战壕太冷或太热。

如果有级别高点的军官在里面，他也许会抱怨不该让自己干挖战壕这种低级的体力活。最后，结果有个军人对其他人说："让我们把战壕挖好吧，至于那个老家伙想用战壕干什么是他的事！"

巴顿说："那个军人将得到提拔。我必须挑选不找任何借口地完成任务的人。"而那些不执行命令的军官，巴顿的做法是："自以为是的人一文不值。遇到这种军官，我会马上调换他的职务。"

在你的上级面前，你的任务就是执行。宏大的目标你没必要全明白，让你干你就干。有些执行者有自己的想法："这样损失太大了，这样不赚钱啊，这样不合算啊！"

——没错，在你眼里是亏钱，但在领导眼里是战略性投资。

你一定不喜欢你的下属找借口，那么你的上级也不喜欢你找借口。决策之前你可以提意见，一旦决策既定，命令下达到你手里，你就需要无条件执行。无论在什么样的管理岗位上，都不要用任何借口来为自己开脱或搪塞，完美的执行是不需要任何借口的。

第四章
勇于负责，敢于担当

　　狼是群居的动物，每一个成员分别承担着不同的责任，每一匹狼都对狼群的繁衍和发展承担着一份责任。它们任劳任怨，责无旁贷。

责任意味着担当

狼群中的每匹狼的工作是由狼群首领分配工作的，狼群首领对每个狼都是平等对待的，每匹狼接到自己被安排的工作时都没有任何抱怨，不会推卸责任。它们会敢于挑战自己的工作，勇于负起责任，并尽力做好工作。

这就是责任，这就是狼的担当。

狼的这种责任品格如果为人所用，就会使人在工作中产生强大的动力。

"责任就是对自己要去做的事情有一种爱。"因为这种爱，所以责任本身就成了生命意义的一种体现，就能使人从中获得心灵的满足。相反，一个不爱家庭的人，怎么会爱他人和事业？这正应验了那句话："爱的力量大到可以使人忘记一切，却又小到连一粒嫉妒的沙石也不能容纳。"

一个在人生中随波逐流的人，怎么会坚定地负起生活中的责任？这样的人往往把责任看作强加给他的负担，看作个人纯粹的付出而索求回报。

一个不知应对自己人生负什么责任的人，甚至会无法弄清他在世界上的责任是什么。有一位女子向大文豪托尔斯泰请教，为了尽到对人类的责任，她应该做些什么。托尔斯泰听了非常反感。因此想到："人们为之受苦的原因就在于没有自己的信念，却偏要做出按照某种信念生活的样子。当然，这样的信念只能是空洞的。"

更常见的情况是，许多人与责任的关系确实是完全被动的，他们之所以把一些做法视为自己的责任，不是出于自觉的选择，而是由于习惯、时尚、舆论等原因。譬如说，有的人把偶然却又长期从事的某一职业当作了自己的责任，从不尝试去拥有真正适合自己本性的事业；有的人看见别人发财和挥霍，便觉得自己也有责任拼命挣钱花钱；有的人十分看重别人尤其是上司对自己的评价，于是谨小慎微地为这种评价而活着。由于他们不曾认真地想过自己的人生究竟是什么，因而在责任问题上也就是盲目的了。

事实上，不仅年轻人，有许多中老年人仍有一种幼稚的心态，总是不停地发牢骚，却很少反问自己。公民抱怨国家，职员报怨公司，却不去从自己身上找问题。先别问社会给你了多少，先问问你自己为社会做了多少贡献。"不要问你的国家为你做了什么，而要问一问你为国家做了什么。"这是约翰·肯尼迪当年竞选总统的演说词。那些不从自身找问题，却终日抱怨的人，只不过是一些高龄儿童在撒娇而已。

白求恩同志是一位伟大又无私的医生，他的无私精神一个重要的体现就是对工作极端负责。有一次，白求恩在病房里看到一个小护士给伤员换药，他发现药瓶里装的药与药瓶上标签名称不一致，也就是说，药瓶里的药不是伤员应该用的药，这怎么行呢？如果药用错了，会出问题的。白求恩严肃地批评了那个小护士，告诉她，做事这样马虎，会出人命的。接着，白求恩用小刀把瓶子上的标签刮掉，并说："我们要对同志负责，以后不允许再出现这种情况。"小护士挨了批评，脸涨得通红，眼泪都要流出来了。白求恩心里很生气，但他控制着自己的情绪说："请你原谅我脾气不好，可是，做卫生工作不认真，不严格要求不行啊！"事后，白求恩向政委提出，要加强对医护人员的教育，提高工作人员的责任心，因为只有这样才能把工作做好。白求恩不仅用高超的医术救治伤员，还主动提出，要办一所模范医院，他亲自编写教材，亲自制作医疗器械，亲自为八路军医生上课，这一举动为八路军培训了大批的医务人员。

1939 年 10 月 28 日，日本兵进行疯狂的"冬季扫荡"计划，就在如此紧张的时刻，白求恩在抢救伤员的时候不小心刺破了自己的手指，作为医生，他很清楚自己不完全处理好伤口，很可能面临被感染的危险，但他还是坚持把伤员的伤口先处理完毕。

此时的白求恩已经被感染，后来他的手指受伤发炎，且炎症越来越严重，他的手指伤口总也无法愈合，并且越来越疼痛。转眼到了 11 月 1 日，白求恩又一次在手术台上抢救一名伤员，而这位伤员患的是一种剧烈传染性炎症，虽然此时白求恩的手指已经感染，再接触病人自己就面临致命的风险，但是白求恩依然坚持先救人。不幸的是，此次治疗确实又让他自己已经发炎的手指二次感染，且情况更加糟糕了。后来，他发炎的手指已经疼痛万分，但他还是坚持做了 13 台手术，在做手术的间隙还为八路军医生们写治疗疟疾这种顽疾的讲课提纲。七天后，一生解救他人于水深火热的白求恩自己却倒在了病床上，他的手指炎症扩散到全身，后来又连续高烧，被确诊为败血症。没过多久，白求恩就在病痛中平静地逝去。

在加拿大和美国，他以高超的胸外科手术享有盛誉，是个生活优裕的富家子弟。他不远万里来到中国后，在硝烟炮火中忘我地救治八路军伤员，曾连续为 115 名战士做手术，持续 69 个小时。他为中国献出了生命中最后的 1 年零 8 个月。临终弥留时，白求恩这样写道："人生很好，很值得为它活上一回，但也的确值得为它去死……"

有些事情是你影响不了的，却可以决定对这些事情的看法和反应，如此一来，你还是拥有了力量。"责任"意味着没有任何事物可以改变你的想法和完整性，因为你是以你的身份回应所有事物的。你可以决定你的生活方式，这种想法让你生活满足，并成为最好的你。如果你能负起责任，未来几年你一定能够成为一个举足轻重的人物。

古人云："修身，齐家，治国，平天下。"如果一个人能对自己的家庭负责，那么，在包括婚姻和家庭在内的一切社会关系上，他对自己的行为都会有一种负责的态度。如果一个社会是由这些对自己的人生负责的成员组成的，这个社会就必定是高质量的、有效率的，当然，也会是和谐的。

一切责任在我

狼在攻击羊群时，通常采用"调虎离山"的计谋：狼群先派一两匹狼假装袭击羊群，引诱牧羊人和牧羊犬追赶它们，等到牧羊人和牧羊犬离开羊群之后，埋伏在另一处的狼群就会突然发动袭击，扑向羊群大开杀戒。等到牧羊人和牧羊犬返回羊群之时，已经晚了，狼群已经叼走了几只肥羊并逃之夭夭。

负责引诱牧羊人和牧羊犬的狼是非常危险的，那是一个九死一生的差事，但是狼还是勇敢地去做了，它们为狼群的利益尽到了自己的责任，这是保证整个狼群利益的必要工作。

这就是狼，决不推卸责任的狼。

人类中具有狼这种不推卸责任的人就会赢得大家的尊重和认可。

1980年4月，美国营救驻伊朗的美国大使馆人质的作战计划失败后，当时的美国总统吉米·卡特立即在电视里作了同样的声明："一切责任在我。"

"一切责任在我。"这短短的几个字，表现出一种敢于担当责任的大勇！在此之前，美国人对卡特总统的评价并不高，甚至有人评价他是"误入白宫的历史上最差劲的总统"。但仅仅由于上面的那句话，支持卡特总统的人居然骤增了10%以上。

韦恩博士说："把责任往别人身上推，等于将力量拱手让人。"

　　我们必须学会像卡特总统那样承担起自己行为的责任，应该积极地寻找任何一点你能够或应该承担的责任，要胜任并愉快地承担起的那些责任，而绝不要躲避棘手的事情，逃避责任。

　　当你寻找额外的责任时，你就会提高自信心和提高完成这项工作的信心。你的上司也会增加对你的信心，增加对你所承担的工作的信心。

　　没有责任的生活就轻松吗？有时候逃避责任的代价可能还会更高。不必背负责任的生活看起来似乎很轻松、很舒服，但是可能会让人付出更大的代价。因为会成为别人手上的球，必须依照别人写出的剧本生活。

　　生活中，遇到问题时大多数的人都会推卸责任。

　　有个年轻人杀死了两个人，记者问起他的生活以及他犯案的动机。他告诉记者，他生长在一个"破碎"的家庭中，在他的记忆里，父亲总是喝得醉醺醺的，还打他的母亲。他们一家都是靠父亲的偷窃所得过活，这也就是他从六岁开始也跟着偷窃的原因了。他在犯下这起杀人案之前，便已因蓄意谋杀被判处刑。采访的最后，他说了这么一句话："在这种条件下，你能期望出现不同的我吗？"

　　这位年轻人还有个双胞胎弟弟。记者知道之后，也前去采访他，惊讶地发现他与他哥哥是完全不同的人。他是一位律师，享有很高的声誉，同时还被选入社区委员会和教会委员会。已婚的他育有两个小孩，生活得很美满。

　　觉得很不可思议的记者问他这一路是怎么走过来的。他陈述了与哥哥一样的家庭背景，但是访问的最后，他说道："经历了多年那样的生活，我体会到这样的生活会把我带往什么样的地方去。因此我开始思索，在这种条件下，要如何创造不同的我呢？"

同样的基因、同样的父母、同样的教育与同样的环境，却有不同的看法和截然不同的反应，以至产生不同的结果。为什么在同样条件之下的两个人会走出完全不同的道路呢？或许他们都曾经认识某个人，带给他们正面的影响力，只是其中的一个把他的话听进去了，另一个则把他的话当作耳旁风。也或许他们都曾经拥有过一本好书，也开始阅读这本书，但其中一个继续读了下去，另一个则把书束之高阁。最后，他们发展出完全不同的人生方向。

一位大学心理学教授说："一个人发展成熟的最明显的标志之一，是他乐于承担起由于自己的错误而造成的后果。有勇气和智慧承认自己的错误是不简单的，尤其是在他们很固执和愚蠢的时候。我每天都会做错事，我想我一生几乎都会是这样。然而，我力图在一天里不把同一件事情做错两次，但要想在大部分时间里都避免这种错误，那就不是件容易的事了。可是，当我看见一支铅笔的时候，我就会得到一些宽慰。我想，当人们不犯错误的时候，人们也就用不着制造带有橡皮头的铅笔了。"

把责任往别人身上推，不正是赤裸裸的劣根性吗？问题是你把责任往别人身上推的同时，等于将自己的人格推掉了。有的人就是那么轻易地把责任推给别人，然后又若无其事地站在一旁抱怨："都是公司的错，害我不能发挥所长，都是同事的错，或我的健康情形害我不能怎样……"请问，我们希望让公司、同事和我们的健康来操控我们吗？要记住，勇于承认错误的人才能进步。基于这个原因，为什么不能扛起这个错？如果你喜欢掌握自己的生活的话。

如果我们过去曾犯过错，现在该怎么办呢？责任的归属又如何？过去发生的事，其影响力有时会延续到今后。比如，一个男人离了婚必须付赡养费；有人毁了自己的健康，日后在饮食上的禁忌一大堆；有人犯了罪，最终难逃牢狱之灾。

很明显的：我们自己决定我们的行为，也必然要应对这些行为所带来的后果。跷跷板原理正说明这种连锁反应。这个认知告诉我们，我们应该以更负责的态度去生活。

那么究竟该如何看待已经发生的事情？我们必须承认，实在无法控制错误所带来的后果。但这绝对不表示我们可以把责任推给过去。我们必须对自己、对后果的看法与反应负责，认清我们对于错误招致的后果之反应其实影响深远。但问题是，我们想要赢回掌控下一次事件的力量吗？还是让我们的错误和后果拥有操控下一次的力量？当我们负起责任的那一刻，我们的人生就有了希望。

有责任感才能成就非凡

在美国黄石公园的林地里，一群狼正在追逐一群凶悍庞大的野牛。几经周旋后，狼找到了它们攻击的目标——一头身体羸弱的老牛。狼群采取死缠烂打的战术，不停地骚扰野牛群。经过数小时的纠缠，野牛开始精力匮乏、不堪其扰。这时，狼群突然发起猛攻，它们分工合作，有负责制造干扰的，有负责隔离猎物的，有负责堵截对方援兵的。很快，那头身体羸弱的野牛被隔离出牛群，一匹狼死死咬住牛的尾巴，一匹狼咬住牛颈，其他狼有的咬住牛腿，有的咬住牛的气管……很快，牛就倒下了，成为狼群的腹中餐。

体重只有四五十千克的狼怎么可能捕获1000多千克的野牛呢？靠的正是狼群成员的密切配合，靠的是每个成员的责任感。有了责任感，它们才能自动自发地默契配合，才能在猎捕行动中取得胜利。

当狼群被大型凶猛动物入侵时，狼也会采用集体防御的措施，将体弱的成员围起来共同御敌，这样也能够击败入侵者。

狼的责任感让其成为猎捕的高手，责任感让狼族能够生存延续至今。

责任感对人来说，也是十分重要的。有责任感的人才有可能将工作做得出色，有了责任感才能使自己成为优秀人才。

究竟什么是责任感呢？

责任就是做好分内应做的事情，责任就是对自己所负使命的忠诚和信守，责任就是完成应当完成的使命，做好应当做好的工作。

责任从本质上说，是一种与生俱来的使命，责任是人性的升华。当一个人全面履行责任后，才能使自己的潜能得到充分的挖掘和发挥，才能感受到责任所带来的力量，也只有那些勇于承担责任的人，才能出色地完成工作，才有可能被赋予更多的使命。责任是实现人的全面发展的必由之路。

责任本来就是生活的一部分，对于任何人，要生活，就必须承担起责任，这不仅是我们生活的前提，也是我们更好地生活的前提。要将责任根植于内心，让它成为我们脑海中一种强烈的意识，在日常行为和工作中，这种责任意识会让我们表现得更加卓越。如果你把责任看成是生活的一部分，在真正承担起责任时，你就不会感觉到累，也不会认为自己承担不起。因为一个能够独立生活的人，就一定能够承担起责任。事实上，责任是由许多小事构成的。最基本的是做事成熟，无论多小的事，能够比以往任何人做得都好。

一个有责任心的人，给他人的感觉是值得信赖与尊敬的。而对于一个没有责任心的人，没有人愿意相信他、支持他、帮助他。

威尔逊是美国历史上一位伟大的总统，在这个高高在上的位置上，他深知自己的责任与义务，并且他也认为，做一些超出自己工作范围的事情，总会得到更多的回报。他曾经说道："我发现，偶然的责任是与机会成正比的。"

有人说法国的戴高乐是个狂热的民族主义者，这是没错的。幼年的戴高乐在与兄弟们玩战争游戏时，总是自告奋勇扮演法兰西一方。他坚持称"我的法兰西"，决不准任何人对其染指，甚至不惜为此与他的哥哥打得头破血流，直到他的哥哥无奈地承认："好了，我不和你争了，是你的法兰西，是你的。"或许这就是天意，日后戴高乐果然承担了拯救法兰西民族危亡的大任。可能也说不上是天意，因为戴高乐自小就始终以拯救法兰西为己任。

二战初始，法国投降，剩下英军孤立无援地同纳粹德国作战。骄傲的德国人以为接下来他们的任务就是准备迎接"胜利"的到来。1940年7月19日，希特勒在帝国国会作了长篇演说，先是对丘吉尔进行了一番痛快淋漓的臭骂，而后要求英国人民停止抵抗，并要求丘吉尔做出答复。而就在他的这番劝诫发出不到一个小时，英国广播公司就用一个简单的词做出了答复：NO！

后来丘吉尔回忆说，这个"NO"不是英国政府通知广播电台的，而是广播电台的一个播音员在收到希特勒的演讲后，自行决定播出的。丘吉尔从内心为他的人民感到骄傲。何止是丘吉尔，读到这个故事的每一个人，又有哪个不为这个敢当大任的播音员叫好？

凡有所建树者，必有一种担当大任的责任感。古今中外，莫不如此。礼崩乐坏之时，孔子四处奔走，推行他的"大道"；民族多事之秋，班超毅然投笔从戎，立下不朽功业；永嘉之乱之际，祖逖闻鸡起舞，自强不息；国家危亡在即，孙中山先生义无反顾，投身革命；周恩来在少年时就立下"为中华之崛起而读书"的大志，并于赴日留学前夕写下了"大江歌罢掉头东，邃密群科济世穷。面壁十年图破壁，难酬蹈海亦英雄"这一首振聋发聩的不朽诗作；毛泽东在青年时写下了"怅寥廓，问苍茫大地，谁主沉浮"的豪迈词句，用以抒发自己的以天下为己任的鸿鹄之志。

逝者如斯，这种担当大任的使命感应代代相传。勇于担当大任，就是应该清楚地知道什么是自己必须做的，不需人强迫，不要人指使。

责任使人意气风发

　　和其他动物相比，狼并没有特别突出的身体条件：论力量，它们远远比不上大象、野牛、野马等大型动物；论速度，比不上黄羊和猎豹；论尖牙利爪、威武雄壮，狼无法和狮子、老虎相提并论……然而狼为什么能够成为动物王国的佼佼者呢？

　　除了智慧外，狼靠的就是那份不折不扣的责任心，有了责任心，即使狼没有特别优越的条件，也同样可以咆哮山林，笑傲动物王国。

　　1903年诺贝尔文学奖得主——马丁纽斯·比昂逊是一位文学家的同时，也是一位社会学家，他说："一个人越敢于承担责任，他就越会意气风发；如果一个人有足够的胆识与能力，他就没有什么该讲而不敢讲的话，没有什么该做而不敢做的事，更没有什么心虚畏怯之处。"

　　托尔斯泰也曾经说过："一个人若是没有热情，他将一事无成，而热情的基点正是责任感。"

　　许多年以前，伦敦住着一个小男孩，自幼贫病交加，无依无靠，饱尝了人生的艰辛。为了糊口他不得不在一家印刷厂做童工。

　　环境虽然艰苦，小男孩的志气却不短。他早就与书报结下了不解之缘，常常贪婪地伫立在书橱前，不住地摸着衣兜里仅有的几个买面包用的先令。为了买书，他不得不挨饿。一天早晨的上班途中，他在书店的书橱里发现了一本打开的新书，便如饥似渴地读了起来，直到把打开的两页读完才走。翌日清晨，他又身不由己地来到了这个书橱前，奇怪，那本书又往后翻开了两页！他又一口气读完了。他是多么想把它买下来呀，可是书价太高了。第三天，奇迹又出现了：书页又顺序地翻开了两页，他又站在那儿读了起来。就这样，那本书每天都往后翻开两页，他每天来读，直到把全书读完。这天，书店里一位慈祥的老人抚摸着他的头发说："好孩子，从今天起，你可以随时来这个书店，任意翻阅所有的书籍，而不必付钱。"

日月如梭，这个少年后来成了著名的作家和记者，他就是英国一家晚报的主编本杰明。

本杰明之所以自学成功，是因为他苦读善学，也是因为他遇到了一位极富有责任感的人。善良的老人倾注给他的是人间最美好的东西，温存怜悯，爱护关怀，鼓舞鞭策。他向身处困境的少年打开了向往美好生活的心扉，引导他步入知识的世界，老人为他后来成为对人类有所贡献、为世人所尊敬的作家，起到了引导作用。

对生活的热爱，对人类、对大自然、对一切美好事物的热爱，会使一个人认识自己身负的使命以及应该去承担的责任，从而努力对社会做出贡献。

没有责任感的军官不是合格的军官，没有责任感的员工不是优秀的员工。责任感是简单而无价的。工作就意味着责任，责任意识会让我们表现得更加卓越。

美国西点军校的学员章程中规定：每个学员无论何时何地，无论穿军装与否，也无论是在担任警卫、值勤等公务时，还是在进行自己的私人活动时，都有义务、有责任履行自己的责任，而不是为了获得奖赏或别的什么。

这样的要求是非常高的。但西点军校的理念是，没有责任感的军官不是合格的军官。西点认为，一个人要成为一个好军人，就必须遵守纪律，有自尊心，并为他的部队和国家感到自豪，对于他的同志们和上级有高度的责任、义务感，对于自己表现出的能力有充分的自信。而这样的要求，对每一个企业的员工同样适用。

没有责任感的员工不是优秀的员工，没有责任感的公民不是好公民。在任何时候，责任感对自己、对国家、对社会都不可或缺。正是这样严格的要求，让每一个从西点军校毕业的学员都获益匪浅。

要将责任根植于每一个人的内心，让它成为我们脑海中一种强烈的意识，在日常行为和工作中，这种责任意识会让我们表现得更加卓越。我们经常可以见到这样的员工，他们在谈到自己的公司时，使用的代名词通常都是"他们"，而不是"我们"，"他们业务部怎么怎么样"，"他们财务部怎么怎么样"，这是一种缺乏责任感的典型表现，这样的员工至少没有一种"我们就是整个机构"的认同感。

责任感是不容易获得的，原因就在于它是由许多小事构成的。但是最基本的是做事成熟，无论多小的事，都能够比以往其他任何人做得都好。比如说，该到上班时间了，可外面下着雨，而被窝里又那么舒服，你的懒散让你在床上多躺了两分钟，此时你应该问自己，你尽到职责了吗？还没有……除非你的责任感真的没有萌芽，你才会欺骗自己。对自己的放松就是对责任感的侵害，因此必须去战胜它。

责任感是简单而无价的。据说美国前总统杜鲁门的桌子上摆着一个牌子，上面写着：Book of stop here（问题到此为止）。他桌子上是否真的摆着这样一个牌子，我不能去求证，但我想告诉大家的是，这就是责任。如果在工作中，对待每一件事都是"Book of stop here"，我敢说，这样的公司将让所有人为之震惊，这样的员工将赢得足够的尊敬和荣誉。

有一个给布朗太太割草打工的男孩特意给她打电话说："您需不需要割草？"布朗太太回答说："不需要了，我已有了割草工。"男孩又说："我会帮您拔掉草丛中的杂草。"布朗太太回答："我的割草工已经做了。"男孩进一步说："我会帮您把草与走道的四周割得很齐。"布朗太太说："我请的那人也已做了，谢谢你，我不需要新的割草工人。"男孩便挂了电话。此时男孩的室友问他说："你不是就在布朗太太那儿割草打工吗？为什么还要打这个电话？"男孩说："我只是想知道我究竟做得好不好！"

多问自己"我做得如何"，这就是一种责任感。

勇于负责才有尊严

狼生活在地球上已经有五百多万年的历史了，也是食物链终结者之一。由于有狼的存在，其他野生动物才得以淘汰老、弱、病、残的不良族群；也因为有狼的威胁存在，其他野生动物才被迫进化得更优秀，以免被狼淘汰。所以狼使生态处于一种平衡状态。没有狼的存在，生态环境将出现良莠不齐、传染病丛生的局面，不利于生态系统稳定、健康的平衡发展。

和其他动物相比，狼活得算是潇潇洒洒、很有尊严了。狼的这种尊严来自哪里呢？

从根本上说，狼的尊严来自它比其他动物有着更强的责任心。

责任心使狼族成员互相配合、互相帮助，责任心使它们同舟共济、齐心协力，渡过了一个又一个的难关，生存延续至今。

无论做什么工作，我们都应该勇于负责，脚踏实地地去做好自己的工作。只要你是勇于负责、认认真真地做，你的成绩就会被大家看在眼里，你的行为就会受到上司的赞赏和鼓励，你的业绩就会让你在同事面前赢得尊严。

当年松下幸之助之所以和山本武信合作开发车灯市场，是因为看中了山本勇于负责的品格。

那是在第一次世界大战中，山本还年轻，几笔生意做下来非常成功，但战争结束时，受到战后经济不景气的影响，生意赔了。他由于缺少经验没有及时"停船"或是"避一避风"，开了一阵子顶风船，终于赔得一塌糊涂。摊子铺得越大，雇员越多，亏损就越大。当时他还在银行借了许多款，于是做了破产清理。

按一般商人的心理，总要想尽方法保留和转移一些财产，秘而不宣以求东山再起。山本武信何尝不想东山再起？但他所采取的方法和诚实不欺的态度却与常人不同。他把所有的财产造册提供给债权人和银行，就连属于自己的物品——包括金壳怀表都拿了出来。这样做他还觉得不够，又把太太的私人物品，甚至陪嫁——包括钻戒、金戒指等首饰全部交出。银行经理非常感动，对他说："山本先生，这一次的损失固然是你的责任，但战后的不景气，不是以你个人的能力所能解决的。你要负责的诚意，我十分理解，可也不好做到这种程度。店里的财产，当然要请你全部拿出，至于你身上常用的物品就不必拿出来了——尤其是太太的……请带回吧！"

山本武信并非哗众取宠之辈，而是出于负责任的考虑，而这种光明磊落的态度竟成为他日后成功的一个重要原因。在经历了不景气之后，日本的经济开始爬升。山本武信又向银行申请贷款，银行认为此人信誉极佳，如同以往一样给予了支持。他凭着这笔贷款和过去吸取的经验，终于重整旗鼓，发展了他的化妆品制造业和批发业务。

山本把自己的故事一五一十地讲给了松下幸之助，博得了松下幸之助的极大信任，也使松下幸之助终于下定决心将车灯的总代理权交给山本。

有一个日本小孩，他父亲生前是个生意人，在创业不久就因意外不幸去世了，留下一大笔债务。父亲去世的时候，小孩只有 12 岁。按法律规定，小孩完全可以不承担这笔债务，正当父亲的债权人后悔不迭的时候，小孩却一一上门拜访，许下诺言说给他 20 年时间，他会全部还清父亲的债务。20 年！一生中有几个 20 年，小孩却要用它去还一笔不应由自己承担的债务，这需要多大的勇气呀！债权人没有几个人对此抱有希望，但事已至此并无他法，只有听之任之了。小孩于是开始了他的还债生涯。在他 27 岁那年，他还清了所有债款，提前了 5 年！

小孩缩短了还债时间，原因很简单：一是自己许下的诺言成了一股强大的动力，促使他不断朝着目标奋斗；二是随着自己不断兑现自己的诺言，债权人对他产生了极大的信任（如果小孩不兑现诺言的话，他也许一辈子都得不到这笔财富），比以前更加愿意与他合作了。与他合作的人越来越多，生意也越做越大，因而钱也越赚越多。

小孩自己也许没意识到，他勇于负责的行动让他获益终生。由于他花了 15 年时间去还一笔本来不属于他的债务，他的信誉在生意圈子中产生了一股巨大的力量，几乎没有人不愿意与他发生生意往来，这使他成了一个富翁。

敢于承认错误也是勇于负责的一种重要表现。而且只有先承认错误，才会使我们改正错误，取得进步。接下来，我们就从这一角度展开论述。

我的朋友方先生告诉过我，他们学校对他的教学工作颇有微词。一位和他相识的教授曾说了一些轻蔑的话，这些话传到他耳里，他只能忍气吞声。后来有一天他接到这位教授的来信。那时教授已离开了学校，调到某新闻部门从事编辑工作。教授来信说，以前错估了他，希望得到原谅。此时，我朋友的各种敌意便立刻烟消云散了，并极其感动，马上回信并表示敬意。从此，他们便成了好朋友。

这件事使我们了解到，承认自己的错误不但可以弥补破裂的关系，而且可以增进感情。但有勇气承认自己的错误也不是一件容易的事情。记不清是哪一位名人曾经说过："人们敢于在大众面前坚持真理，但往往缺乏勇气在大众面前承认错误。"有些人一旦犯了错误，总是列出一万个理由来掩盖自己的错误，这无非是"面子"在作怪，他们以为一旦承认自己的错误，就伤了自尊，丢了个人面子。这种想法无异于在制造更多的错误，来保护第一个错误，真可谓错上加错。

古人说过："人非圣贤，孰能无过，过而能改，善莫大焉。"意思是说，人都会有过失，只要能认识自己的过失，认真改正，就是有道德的表现。孔子曾把"过失"比喻为日食与月食，无论怎样对待，大家都会看得清清楚楚。因此，最好的办法是坦诚地承认自己的错误，借助承认错误而表现得更人性化，使别人对我们的看法也更具人性，这样别人的批评也许会少些。知道自己犯错误，立刻用对方准备责备自己的话自责，这是聪明的改正方法，会使双方都感到愉快。

每个人都有自己的自尊心和荣誉感，如果你肯主动承认自己的错误，这不仅可以满足对方强烈的自尊心，而且也会为自己品格的高尚而感到快乐。

事实上，自觉地承认自己的错误，不但可以增加相互之间的了解和信任，而且能增进自我了解进而产生自信心。有时候，人们非要等到自己看见并接受自己所犯的错误时，才能真正了解自己的能力的。让我们来看一看当年的亨利·福特二世是如何从错误中学习，并真正了解自己的能力的。当年26岁的亨利·福特二世接任了每天会损失900万元的福特汽车公司的总裁。上任后，他的创新、实验和努力避免错误产生的做法，扭转了公司的命运。有人问他，如果让他从头再来的话，会有什么不同的表现。他回答道："我只能从错误中学习，因此我不认为自己可能有什么与众不同的作为，我只是尽量避免再犯同样的错误而已。"

承认自己的错误不是耻辱，而是真挚和诚恳的表现。其实，你又不等于你的错误，承认你的错误，更能显示你人格的伟大。凡是伟大的人都有认错的时候。认错时一定要真诚，不要虚情假意。真诚不等于奴颜婢膝，不必低三下四，要堂堂正正，承认错误是希望纠正错误，这本身是值得尊敬的事情。假如你没有错，就不要为了息事宁人而认错，否则，这是没有骨气的做法，对任何人都无好处。譬如你是一位主管，辞退了某位不称职的部属，你会觉得很遗憾，但用不着认错。

人非圣贤，孰能无过。扪心自问，你是否说过伤人的话，做过损害别人的事，答案是肯定的，但关键是坦诚地承认自己的错误会使你心胸坦荡，这将是使你踏向更坚强的自我形象，增进你更好的工作表现的第一步。早在两千年前古希腊的哲学家留基伯与德谟克利特，就从自己错与别人错的比较中，明确地指出："谴责自己的过错比谴责别人的过错好。"最笨的人才会找借口掩饰自己的错误。年轻的朋友们，假如你发现了自己的错误，你就应尽快地承认自己的过错，这不仅丝毫不会有损于你的尊严，反而会提升你的品格魅力。

第五章
忠诚是一种美德和能力

　　狼是对它们群体与家庭最为忠诚的动物，这种忠诚超过了其他任何一种哺乳动物。在狼群集体捕猎时，如果有同伴牺牲，它们就不会离去，到了深夜，狼群会围绕在同伴的尸体周围哀号。那种狼嚎的声音听起来非常凄凉，从中可以听出狼群对同伴的思念和爱。

团队的力量源于忠诚

一群狼的战斗力，之所以敌得过一头狮子或一只老虎，是因为每一匹狼都高度忠诚于自己的团队。高度的忠诚让它们拧成一股绳，从而获得更高的战斗力。

人也是如此，只有对团队足够忠诚，才能壮大团队并成就自己。

一个人能够同他人协作，表明他对自己所在的团队负责，这种负责实际也是对自己负责。其实合作就是顾全大局，一个懂得合作的人懂得"唇亡齿寒""皮之不存，毛将焉附"的道理，总是力求服从全局，凡事从大局着想，不会单单考虑个体的利益。

公司就像一个大家庭，这个家庭不能缺少每一位亲人的奉献，而且只有亲人间相互理解与协作，才能渡过工作中的种种难关。同样如此，企业又像一个生命体，每一个部门就像一个组织，每一个员工就像一个细胞，只有细胞的通力合作，才会带动组织的运动，只有组织的通力合作才会带动整个身体的健康成长。因此，企业离不开每一位员工，只有全体员工通力合作，才能使企业顺利发展，创造利润，并回报每一位员工。

微软公司在创业之初，靠的就是比尔·盖茨和他的团队精神。当时，创业者都把这个生机勃勃的小公司当作自己的"新家"。如果"新家"缺什么东西，很多人愿意把自己家里的设备贡献出来。在大家眼中，"新家"的利益高于一切。因此，为这种集体的利益而去奋斗也就成为义不容辞的事。只要回想起这些，比尔·盖茨总是感动万分。

一个公司的成功，离不开所有成员的努力，而团队的力量却是来源于忠诚。只有忠于你的公司，才可以增强公司的凝聚力，统一员工的思想和认识，使公司在市场竞争中立于不败之地。同时，团队需要每一个人的付出，需要每一个人把公司的利益摆在首位，并且，为了公司的发展去贡献自己的每一分力量。

史密斯夫妇和他们的孩子来到一家酒店的高尔夫俱乐部度假，刚一入住酒店，史密斯就告诉礼宾部的人员，他们的孩子对含有小麦和麦麸的食品过敏，希望餐饮部的人员注意，千万不要为孩子提供含有这些物质的食品。

礼宾部的人员记下后，马上联系了餐饮部经理，经理立即把这一信息通知到餐饮部的所有工作人员，要求大家对这名小顾客格外照顾。接到通知后，食品采购员即刻出发请教了医学专家和膳食专家，并到多家商店专门为孩子采购了食品；然后，配菜师根据这些食品特意为孩子设计了一份食谱；最后，点餐人员将这份食谱整理好，精心制作出一份特别的菜单。经理拿到这份菜单后，将它交给酒店大大小小的每一个餐厅，再次提醒他们格外注意。

当史密斯夫妇知道这一切后，顿时感动万分。他们万万没有想到酒店会为他们的这个小小要求准备得如此周到、细致。

这家酒店的专业服务不得不令人赞叹，之所以会取得如此完美的效果，源自他们团队的集体奉献。为了一个特殊的客人，所有餐厅人员整齐划一，相互配合来提供统一的服务，这不能不说是一种集体的力量。所以，企业蓬勃发展，靠的是每个人尽心尽力地工作，以公司的利益为基准，为了统一的目标，采取统一的行动。

作为团队中的一员，员工一定要时刻铭记自己的职责和使命。你只是团队的一员，即使再受重视、再有才华，也不能以自我为中心。团队的性质决定了每个员工只是团队的一部分，而不是全部，员工的所有工作都是以实现团队的目标为中心。

松下幸之助晚年时，有一次，松下公司面临大面积亏损，公司各级领导决定"生产减半，人员减半"。这时，卧病在床的幸之助却下了批复："生产可以减半，但员工一个也不能裁。"接到指示后，从上到下，全体员工都感动万分，他们开始以更大的热情投入到工作中，加班加点地生产和推销产品。在那段困难时期，员工们为了维护公司利益，抱成一团，使公司库存销售一空，终于使松下电器成功摆脱了困境。

忠诚可以使团队形成一股凝聚力。对于一个员工而言，不管你多么优秀，都离不开你所处的团队。因此，每个优秀的员工都必须为公司的成败负起责任，也必须为每个同事的成败担起义务。每个员工的各行其是，会为公司最终的瓦解给以致命的一击。全体员工的出色合作，会为整个公司的辉煌增添绚烂的一笔。

忠诚本身就是一种能力

在狼群中，一匹狼无论地位如何，待遇如何，都会对狼群保持高度的忠诚。

这让我们人类感到震惊，其实，人类又何尝不需要这样的忠诚？

忠诚是一种美德，更是一种风骨。

忠诚是一种品德，但忠诚仅仅是一种品德吗？以研究军事著称的博士克里斯·麦克赖撰写了大量的关于士兵忠诚的文章，他在文章中提出："忠诚更是一种能力！"

他说，在著名小说《堂吉诃德》所颠覆的"游侠时代"，个人能力是至高无上的，武功高强者就能够生存下去。那个时候，没有团队的概念，也不需要团队，因为行侠仗义从来不需要浩浩荡荡。但是，随着社会进步，个人英雄的作用也越来越小，英雄集体的作用越来越大，行侠仗义逐渐消失，战争开始依靠集团作战、协同作战来取得胜利，这个时候，对团队的忠诚就显得非常重要了，只有忠诚于团队的人才能成为团队需要的角色，才能在团队中发挥作用。"忠诚已不仅仅是品德范畴的东西了，它更是一种生存技能。"克里斯博士说。

世界上只有完美的团队，没有完美的个人。一个忠诚的"作战小组"，其战斗力远远高于个人占据优势但各怀私心的"群体"。在战斗中，小组成员相互之间要绝对忠诚，这样才能建立绝对的信任。在海军陆战队中流行着这样一种说法："在作战小组中，从来就没有'我'字。"其意思是个人要绝对忠诚于团队，完全融入团队，直到失去自我的程度。

协同侦察是一项重要的训练内容。一个名叫史密斯的教官在讲解中说："在协同侦察中，每个成员都会起到相互支持的作用，侧翼人员保护中间的人员前进，这样，四面八方均在有效的搜索范围之内。如果你缺乏忠诚这一技能，你就无法被你所在的小组成员所信任，你就没有发挥才能的机会。"

忠诚不仅是一种美德，更是一种能力。忠诚作为一种能力，它是其他所有能力的统帅和核心，因为如果一个人缺乏忠诚，他的其他能力就失去了用武之地，没有任何一个组织愿意任用一个缺乏忠诚的人。

在越来越激烈的竞争中，人才之间的较量，已经从单纯的能力对比延伸到了品德方面的对比。在所有的品德中，忠诚越来越得到组织的重视，因为只有忠诚的人，才可能有资格成为优秀团队中的一员。

央视前段时间在热播的《贞观长歌》中，大将军李靖曾问自己的爱将张宝相，大意是：作为大将，你知道最大的兵法是什么吗？张宝相回答说："是勇和智。"李靖则说，勇和智那都是对敌人。对大将来说，最大的兵法是忠。

在一个企业组织中，往往会出现四种类型的员工：一种是高能力的；一种是高忠诚度的；一种是能力和忠诚度都很低的；一种是能力和忠诚度都很高的。

现实的状况是：主人翁类型的人才几乎是可遇而不可求的。作为雇员来说，要么做忠诚的，要么做高能力的；而对于领导来说，最现实的做法是如何配置高能力者与高忠诚度者。

才华横溢的人才，常常是推动公司进步的原动力，没有这类人才，就没有企业的业绩和进步。但是，忠诚的人，却往往也是维系企业日常的程序性工作的保障和基石，没有忠诚，到头来所有的业绩也都将无法维系。

很多人默默无闻地为公司做了许多事，而且干得都相当不错，但是，当公司面临危机需要裁员时，他们往往又首当其冲。这是最悲哀的结局。

对于许多员工来说，获得一个职位并不是十分困难的事情，但是否能赢得公司上下普遍的尊敬就是一件没有太大把握的事情了。每一位职场中人都必须明白，获得职位并不是终极目标，必须要成为职场中的佼佼者。

任何一位愿意在自己的职业生涯中取得成功的人，都应该懂得如何在工作中使自己能够脱颖而出，并且不让自己的努力悄无声息。任何一位员工都不能使自己的努力显得可有可无，而应让自己在公司无可替代。

如何成为一个对公司和同事都非常有价值的人，即不断扩大个人的影响力呢？

微软公司起步阶段，员工基本上都是年轻人。这些人擅长业务和推销，但都在内务、管理方面缺乏耐心，谁也不愿管，公司里总是乱成一团，严重影响效率。盖茨为此十分苦恼。不过当年的盖茨也好不到哪儿去，他总是头发蓬乱、不修边幅，甚至没有一间像样的工作室。盖茨的第一任秘书是一位年轻的女大学生，她做分内的工作还算称职，但对其他事务则不闻不问。盖茨失望之余，决定再找一位总管式的女秘书。这时，露宝的简历进入了盖茨的视线，盖茨决定录用她。露宝做过文秘、档案管理和会计员等工作，后勤经验丰富，但她当时已42岁，并且已是四个孩子的母亲。

在微软公司，露宝见到了21岁的比尔·盖茨。这个未脱孩子气的董事长给露宝留下了深刻印象，同时也让她感到肩上的担子不轻。当丈夫知道她要去微软公司上班时，警告她说要留意微软公司月底能否发得出工资。露宝没有理会这个警告，她开始尽心尽力地为盖茨"打杂"。

上任不久，露宝就展现出缜密、细腻与周到的处事风格。很快，她就成了微软公司的后勤总管，负责发薪、记账、接订单、采购等一系列工作，把每件事都处理得井井有条。有了露宝之后，微软公司的工作更加有序，凝聚力也得到增强。当时，露宝的主要工作之一，是照顾盖茨的饮食起居。在露宝眼里，盖茨就是个行为怪异的大孩子。他通常中午来上班，一直工作到深更半夜。要是第二天一早有客人要见，他就干脆留在办公室里过夜。他会拉过一条毛毯盖上，然后呼呼大睡。盖茨的这一习惯也保留在出差途中，每当他困了想睡觉时，总能随手就拉出一条毛毯来，那是露宝早就为他准备好的。

露宝也会给盖茨定下一些"规矩"。当时，微软公司所在地离机场很近，只有几分钟车程，因此盖茨每次出差时，往往会在最后时刻才赶往机场。路上为了赶时间，他总是高速超车，甚至有几次还闯了红灯。露宝为此十分担心，便要求盖茨至少留出 15 分钟的时间去机场，并且每次她都亲自督促。尽管盖茨认为这样耽误了自己的时间，但还是照着她的话去做了。

这一切看起来都是小事，但突出反映了露宝的执着与忠诚，她也成为微软公司一个不可替代的人，这从后来露宝的辞职事件中可见一斑。当时，微软公司计划迁往西雅图，露宝为了丈夫的事业而无法搬家。最后，盖茨和其他高管联名为露宝写了一封推荐信，高度评价了她的工作能力。凭这封推荐信，露宝找一份好工作当然不在话下。临别时，盖茨紧紧握住露宝的手，依依不舍地说："欢迎你回来，微软公司的大门将永远向你敞开！"

三年后的一个冬夜，在西雅图微软公司的办公室里，比尔·盖茨正因后勤工作不利而烦恼。这时，一个熟悉的身影出现在门口。"我回来了。"这个声音盖茨再熟悉不过了，因为那是露宝的声音。她已经说服了丈夫，举家迁至西雅图，继续为微软公司、为仍然年轻的董事长效力。

微软帝国的崛起，露宝实在是功不可没。年轻的盖茨影响了世界历史，而作为这位风云人物的秘书，露宝也获得了事业上的成功。在微软，自盖茨以下，没有人不对这位女管家满怀敬意。盖茨曾经说过，在他最艰难的创业阶段，是露宝为他扫除了很多障碍，使他能够全身心地为事业打拼。

在人才济济的微软公司，若真论起才干来，露宝或许只能算是一个平凡的中年妇女，是什么让她赢得了微软上下如此的信赖与尊重，从而迎来了一段辉煌的人生呢？是才华、机遇，还是眼光？最准确的，应当是忠诚。

没有影响力，光靠单打独斗，个人很难持续扩大自己对组织的价值。当然，影响力并不能直接跟权力画上等号。联强国际总裁杜书伍指出："公司可以给一个人职位，但不能给他来自同人的发自内心的尊敬。能力强只是正面的加分，但性格上的缺点带给别人的负面印象却会产生很大的减分效应。"态度对个人的杀伤力远超过能力，这就需要忠诚。

忠诚有时比能力更重要

索尼公司的用人标准中有这样一句话："如果想进入公司，请拿出你的忠诚来。"这是每一个意欲进入索尼的应聘者常听到的一句话。索尼公司认为，一个不忠诚于公司的人，再有能力也不能录用，因为他可能为公司带来比能力平庸者更大的破坏。

人力资源专家指出，如果结果是一个函数的话，能力就是决定幅度的参数，而忠诚则是决定方向的参数。一个人的能力越高，如若缺乏忠诚，其创造的结果就越背离企业的目标。这就如同一个人跑步，如果他的方向与终点相反，那么他的速度越快，最终的结果就是越背离终点。

忠诚比才能重要 10 倍甚至 100 倍。许多公司领导宁肯聘用一个才能一般但是忠诚度高、可以信赖的员工，也不愿意接受一个极富才华和能力但却总在盘算自己的"小九九"的人。

曾经在某个政府机关工作多年的人就明确地说过，提拔手下的时候首先考虑的就是对自己的忠诚，即便能力与实际位置有差距，一定范围内还是会揠苗助长地将其提升，手下有对自己忠心耿耿的人自己工作起来也比较放心。有这种想法的人在职场绝对不是个别的，人未必都喜欢唯自己马首是瞻的人，但是绝对毫无例外地都希望自己的手下跟自己站在同一条战线上。

小颖便是一个很好的例子，初见她只是一个看上去活泼可爱的小姑娘，再相处时却觉得性格里面有点欺上瞒下的水分，业务也是半路出家，谈不上精通。对领导交待的事情绝对是第一时间办得妥妥当当的，对底下的员工却经常没有好脸色对待，听到她以不耐烦的话语对待同事或下级员工真的不是一两次，但就是这样在员工中不受好评的人，领导依然很看重，并已经透露了提拔的意思。作为老江湖的领导，能不知道这些情况？即使不是全部知晓，也肯定略知一二，依然看重她就是因为她忠诚。因为忠诚，她会把领导交待的事情当成头等大事来对待；因为忠诚，领导能从她口中知道很多发生在员工中的言论和事情；因为忠诚，她没有跳槽的心思。这便是证明论题的一个很好的例子。当然，这么说并非否定能力而一味地追逐忠诚，只是一个聪明的领导会在能力与忠诚之间选择一个恰当的平衡点。两个元素能达到双高，当然是一种皆大欢喜的好局面，如若不能，就会在两者之间有所偏重，在能力与忠诚的天平之间增减砝码，很多领导都会选择把砝码放在忠诚这一边上。

如果个体对组织不忠诚，他可能就不按照组织的命令去进行行为选择，将不利于组织目标的实现。如果员工之间互相猜忌、互相拆台，就有可能对企业造成伤害。如同军队打仗一样，只有上下一心，言出如一且行于一，才能保证在战争中取胜。如果各有各的打算，就会出现混乱的情况，也很容易被对手打败。

一个忠诚的人十分难得，一个既忠诚又有能力的人更是难得。忠诚的人无论能力大小，领导都会给予重用，这样的人不论走到哪里都有大门向他们敞开。相反，能力再强，如果缺乏忠诚，也往往会被人拒之门外。毕竟在人生事业中，需要用智慧来做出决策的大事很少，需要用行动来落实的小事甚多。少数人需要智慧加勤奋，而多数人却要靠忠诚和勤奋。

在马耳他流传着一个有关忠诚的古老故事，内容大概是这样的。

马耳他一位王子在路过一家住户时，看到住户家的一个仆人正紧紧地抱着一双拖鞋睡觉，他上去试图把那双拖鞋拽出来，却把仆人惊醒了。这件事给这位王子留下了很深的印象，他立即得出了结论：对小事都如此小心的人一定很忠诚，可以委以重任。所以他便把那个仆人升为自己的贴身侍卫，结果证明这位王子的判断是正确的。那个年轻人很快升到了事务处，又一步一步地当上了马耳他的军队司令。最后他的美名传遍了整个西印度群岛。

如果你忠诚地对待你的领导，他也会真诚地对待你；当你的职业精神增加一分，别人对你的尊敬也会增加一分。不管你的能力如何，只要你真正表现出对公司足够的忠诚，你就能赢得领导的信赖。领导会乐意在你身上投资，给你提供培训的机会，提高你的技能，因为他认为你是值得他信赖和培养的。

张健是一家软件公司的工程师，在业界小有名气。2003年张健离开了该公司，准备进入一家实力更加雄厚的公司继续从事软件开发工作。由于新公司与原公司业务相关，新公司经理要求他透露一些他主持的原公司开发项目的情况，但张健马上回绝了这个要求。理由很简单：

"尽管我离开了原来的公司，但我没有权利背叛它，现在和以后都是如此。"

第一次面试就这样不欢而散。出人意料的是，就在张健准备寻找另外的公司时，却收到了这家直接录用的通知，上面清楚地写着：

"你被录用了。因你的能力与才干，还有我们最需要的——维护公司利益。"

作为公司的一分子，你必须清楚地认识到，你的任何行为和语言，无不关系到公司的形象和发展。

松下幸之助认为，一个员工的能力只要有六十分就可以了，更重要的是要看他对工作是否热情，对企业是否忠诚——一个缺少热情的人，即便能力再强，工作在他手上往往做不好；而一个不忠诚的人，能力越强对企业就越危险。因此在松下公司，只要资质尚可并且有热情、忠诚的员工，都能被委以合适的工作。

莎士比亚说："忠诚你的所爱，你就会得到忠诚的爱。"凯撒大帝说："我忠诚于我的臣民，因为我的臣民对我忠诚。"忠诚是相互的。如果缺乏对别人的忠诚，就别指望得到别人对你的忠诚。企业员工在做好能力修炼之前，首先得做好忠诚修炼，忠诚修炼比能力修炼更重要。

忠诚者比常人多走一步路

一家外贸公司的领导要到美国办事，且要在一个国际性的商务会议上发表演说。他身边的几名要员忙得头晕眼花，甲负责演讲稿的草拟，乙负责拟订一份与美国公司的谈判方案，丙负责后勤工作。

在该领导出国的那天早晨，各部门主管也来送行，有人问甲："你负责的文件打好了没有？"

甲睁开惺忪的睡眼说道："今早只有四个小时睡眠，我熬不住睡去了。反正我负责的文件是以英文撰写的，领导看不懂英文，在飞机上不可能复读一遍。待他上飞机后，我回公司去把文件打好，再以电讯传去就可以了。"

谁知转眼之间，领导驾到。第一件事就问这位主管："你负责预备的那份文件和数据呢？"这位主管按他的想法回答了领导。领导闻言，脸色大变："怎么会这样？我已计划好利用在飞机上的时间，与同行的外籍顾问研究一下自己的报告和数据，别白白浪费坐飞机的时间呢！"天哪！甲的脸色一片惨白。

到了美国后，领导与要员一同讨论了乙的谈判方案，整个方案既全面又有针对性，既包括了对方的背景调查，也包括了谈判中可能发生的问题和策略，还包括如何选择谈判地点等很多细致的因素。乙的这份方案大大超过了领导和众人的期望，谁都没见到过这么完备而又有针对性的方案。后来的谈判虽然艰苦，但因为对各项问题都有细致的准备，所以这家公司最终赢得了谈判。

出差结束，回到国内后，乙得到了重用，而甲却受到了领导的冷落。

真正优秀的人总比常人多走一步路，这一步就是平凡与优秀的分割点。

小刘大四毕业了，进入了找工作的大军中，有一家中外合资的企业到学校招聘，小刘被招去做实习生。企业事先声明，实习一个月，结束后，如果双方都满意，就正式签订合同。

很显然，小刘面临一个月的考验。实习期间，小刘兢兢业业地工作着，不敢有丝毫懈怠。说是工作，其实小刘的活纯属打杂，是"一块砖，哪里需要哪里搬"。

很快，一个月的实习期就要结束了。那天，小刘被部门主管叫到办公室谈话。主管说："小刘啊，你工作很卖力，但我发现你好像并不适合做办公室工作，从明天起，你就不用过来了。这是你这个月的薪酬，现在就可以下班了。"小刘一下子蒙了。

那一刻，小刘内心充满了困惑，也很气愤："难道我哪里做错了吗？"他想向主管问个明白，但内向的小刘还是忍住了。小刘那几天一直在整理公司的客户资料，还差最后一部分没有整理完。于是小刘说："客户资料我今天加加班就可以整理完，我还是整理好再走吧！要是让别人接着整理，会很麻烦的。"

那天，小刘加了一个小时的班才把客户资料整理好。小刘说，他这样做，并不是在向企业乞求什么，而是不愿给下一个过来整理客户资料的人添麻烦。

回到学校，室友都说小刘傻："人家都不要你了，你干吗还要多干一个小时？"小刘苦笑着摇摇头，什么也没说。

令小刘没想到的是，第二天下午，他便接到了公司的电话，说他被正式录用了。"您不是觉得我不合适吗？"小刘问部门主管。

"不，你很合适，因为你有一颗善始善终的心，这正是一个优秀的办公室人员所必须具备的品质。"主管斩钉截铁地说。

已故的弗里德利·威尔森，曾经是纽约中央铁路公司的总裁。有一次，在访问途中，被问到如何才能使事业成功时，他说："一个人，不论是在挖土，还是在经营大公司，他都会认为自己的工作是一项神圣的使命。不论工作条件有多么困难，或需要多么艰难的训练，始终用积极负责的态度去进行。只要抱着这种态度，任何人都会成功，也一定能达到目的，实现最终目标。"

什么事情总是敷衍了事，不精益求精；在工作过程中推诿塞责，划地自封，不思反省，懒散、消极、抱怨、怀疑；以种种借口来遮掩自己的失误，这种人是很难被企业接受的。相反，那些以工作为己任，主动承担责任，不仅仅被动地完成工作，而是主动超额、完美地完成工作的人，是任何企业都十分欢迎的。而后一种素质的具备的前提就是对企业的忠诚。

自己是忠诚的最大受益人

"不能简单地把忠诚视为一种付出行为！"这是洛里·西尔弗在海军陆战队所接受的重要观念之一。因为忠诚最大的受益人是自己。

忠诚是领导的需要，是公司的需要，是上司的需要，是同事的需要，但更是你自己的需要，你得靠忠诚立身于社会，在激烈的竞争中取得一席之地。忠诚的人工作会精益求精，忠诚的人能获取更高的薪水，忠诚的人能获取更多的晋升机会，忠诚的人不必为找工作发愁……忠诚创造的价值的大部分，可能并不属于你，但忠诚为你自己创造的好名声、好形象却完完全全属于你一个人。忠诚就像你学的知识那样，是你的"私有财产"，谁也抢不走，谁也偷不走。归根结底，忠诚最大的受益人是自己。

有个老木匠准备退休。领导对他百般挽留，奈何老木匠去意已决，最后，领导问他是否可以帮忙再建一座房子时，老木匠没法推托，只得答应了。但老木匠的心已不在工作上了，用料也不像以前那么严格，做出的活也全无往日水准，明显是在敷衍了事。

领导把一切都看在了眼里，但是并没有说什么，只是在房子建好后，把钥匙交给了老木匠。

"这是你的房子"，领导说，"我送给你的礼物。"

老木匠接过钥匙，顿时呆若木鸡。他一生盖了多少好房子，最后却为自己建了这样一座粗制滥造的房子。

老木匠当初认为，这是给领导打工帮忙盖的房子，而且是自己盖的最后一座房子，何必那么认真？于是草草完事。不料这是领导送给他的礼物，老木匠悔之晚矣。

生活中的一些现象会使人们产生错误观念，认为忠诚老实之人往往穷困潦倒，虚伪之人反而功成名就。持有这种观点的人，只看到了事物的表象。实际上事实绝非如此。

季布原来是项羽的部将，骁勇善战，经常令刘邦伤透脑筋。汉高祖灭项羽之后，以重金悬赏季布的首级，并且颁布命令："凡是窝藏季布的人，一律诛杀全族。"季布乔装一番，以奴隶的身份藏匿在侠客朱家的家中，朱家知道了实情，并对他特别礼遇。有一天，朱家拜访汝阴侯夏侯婴说："季布到底犯了什么滔天大罪，被这么急急追赶？"

"季布仕宦于项羽时，常造成陛下的困扰，陛下对他憎恨有加，所以无论如何都要捉到他。"

"您对季布的看法如何呢？"

"嗯，他是一个很伟大的人。"

"为了主君鞠躬尽瘁，是臣下的义务，季布效忠项羽也是忠于自己的任务。就因为季布曾经是忠于项羽的部属就非杀不可吗？天下平定，汉高祖身为一国之君，难道要为了一己的私怨而拼命追杀过去的敌将吗？这样不是显示自己的度量狭小吗？"

夏侯婴觉得有理，所以上书汉高祖，汉高祖于是赦免了季布，并且重用了他。历史上，季布常常受项羽的指派率领军队与汉高祖对垒，并且经常能把汉高祖刘邦打败，这让刘邦很是难堪，因此刘邦对季布恨之入骨，可为什么最后刘邦不仅赦免了季布，而且还对他委以重任呢？因为季布的忠诚。

季布在项羽手下的时候，屡次为项羽立战功，因为项羽是他的"领导"。作为手下，他不仅忠于领导，也忠于自己。正因为他对项羽的忠诚，赢得了朱家的尊敬，也赢得了汉高祖的信任。汉高祖认为，他对项羽如此忠诚，那么如果他作为自己的手下，也一定会忠于自己，况且季布是一个如此有才能之人，为什么不能重用呢？

忠诚不仅不会让一个人失去机会，相反，还会为他赢得机会。除此之外，他赢得的还有别人对他的尊重和敬佩。英特尔公司总裁安迪·葛洛夫应邀为加州大学伯利克分校毕业生演讲，他提出这样的建议："不管你在哪里工作，都别把自己当成员工——应该把企业看成自己的。"很显然，以主人翁的心态对待企业，你就会成为一个值得单位领导信赖的人、一个乐于被他人雇用的人、一个可以成为领导得力助手的人。

小张和小林一起来到深圳找工作，他们来到一个建筑工地上找到包工头推销自己。

领导说："我这里目前没有适合你们的工作，如果愿意的话，倒可以在我的工地上干一段时间的小工，每天给你们 30 元钱。"无奈之下，两人同意了。

第二天，领导给他们分配了任务——把木工钉模时落在地上的钉子捡起来。每天小张和小林除了吃饭的半个小时外，一刻也不歇，每个人捡了足足八九斤钉子。几天下来，小张暗暗算了一笔账，发现领导这样做十分不合算，根本达不到节流的目的。小张决定和领导谈一谈这个问题，但小林却极力阻止他："还是别找领导比较好，否则我们俩又得失业。"小张没同意，他直接找到领导。

"领导，恕我直言，企业需要效益，表面看来，拾回落下的钉子是一件合情合理的事，但实质上它给您带来的却是负值。我老老实实地捡了几天钉子，每天最多不超过十斤。这种钉子的市场价是每斤2.5元，这样算下来，我一天能制造20元的价值，而您却给我30元的工资。这不光对您是损失，对我们也不公平。如果现在您算透了这笔账打算辞退我，请您直说。"

没想到，领导竟哈哈大笑起来，说："好，小伙子，你过关了！我手头上正缺一名施工员，拾钉子这笔账其实我也会算，我知道你们俩也都算出来了，我一直就等着你们过来告诉我。如果一个月后你仍然不来找我，你们都将会被辞退。企业需要效益，更需要像你这样忠心耿耿、责任心强、一心为公司谋利益的人才，我希望你留下。至于小林嘛，我只能说抱歉。"

因为你的忠诚，你主动对领导负责，加倍付出，对于这些，领导当然不会视而不见，作为回报，领导也会忠诚地对待你，这个忠诚就体现在对你的重用上。

任何一样东西，在拥有时都不懂得珍惜，包括工作。当人们在某个组织里平平稳稳地工作时，他们常常忽视这份工作对他们自己生存和家人温饱的重要性，而常常把更多的精力放在计较工作得失和计较回报上面。他们总觉得自己付出的太多，得到的太少，总觉得别人更轻松，别人得到的更多。在他们的潜意识中，拥有这份工作是理所当然的，得到越来越多的回报也是理所当然的。事实上，你能够安稳地生活，是因为有一个安稳的工作；你能够享受快乐的人生，是因为工作给你带来稳定的收入。你自己才是忠诚最大的受益人。

比如在作战的过程中，你忠诚于你的作战小组，就有助于提高作战小组的战斗力，有助于减少战友的伤亡，这一切固然是有助于小组的，但你也是小组成员之一，小组战斗力强，小组减少伤亡，你牺牲的概率也就大大降低了，也等于保障了你自己的安全。自身价值的创造和实现依赖于忠诚。所以说，忠诚最大的受益人是你自己。

第六章
紧盯猎物，决不放弃

　　在狼的世界里，从来就没有"懒散"这个词。即使在睡梦中，狼的精神也处于一种随时兴奋状态。狼生存的全部价值就在于一个目标——追逐食物，紧盯着那成群的羊并追而逐之，将其聚而歼之。

勤奋是成功的不二法门

狼是一种非常勤奋的动物，总是精神抖擞地不停工作。

生活在野外，狼就必须经常与其他的狼争夺食物和领地，因为狼群只能在自己的领地进行生活、捕猎。领地的大小根据它们捕食对象的多少而有很大变化。大或小的情况取决于这个地区的猎物数量。在猎物分布较密集的地方，狼不必奔袭很远便可获得一顿美餐。在较荒凉的栖息地，由于只有少量的猎物存在，狼则需要跑很远才能猎得食物。

作为高等动物的人类，相当一部分却很懒惰，不如狼勤奋。

贪图安逸将会使人堕落，无所事事会令人退化，只有勤奋工作才是最高尚的，才能给人带来真正的幸福和乐趣。可以肯定的是，升迁和奖励不会落在玩世不恭的人身上。

世界上到处是一些看起来就要成功的人——在很多人的眼里，他们能够并且应该成为这样或那样非凡的人物——但是，最终他们并没有成为真正的英雄，原因何在呢？

其原因在于他们没有付出与成功相对应的代价。他们希望到达辉煌的巅峰，但不希望越过那些艰难的梯级；他们渴望赢得胜利，但不希望参加战斗；他们希望一切都一帆风顺，而不愿意遭遇任何阻力。

有人问寺院里的一位大师："为什么念佛要敲木鱼？"

大师说："名为敲鱼，实则敲人。""为什么不敲鸡呀、羊呀，偏偏敲鱼呢？"

大师笑着说："鱼儿是世间最勤快的动物，整日睁着眼，四处游动。这么至勤的鱼儿尚且要时时敲打，何况懒惰的人呢？"

故事虽然浅显，道理却至为深刻。

应该说，勤奋不是人类与生俱来的天性，相反，追求安逸倒是人类潜意识中共有的欲望。但无论何人，只要长期不懈地努力，就能养成勤奋的习惯。

在西方，勤奋被称为"使成功降临到每个人身上的信使"。

牛顿童年时的英国是一个等级制度森严的国家，学校里学习好的学生，可以歧视学习差的同学。有一次课间游戏，大家正玩得兴高采烈的时候，一个学习好的学生借故踢了牛顿一脚，并骂他笨蛋。牛顿的心灵受到了刺激，愤怒极了。从此，牛顿下定决心，发愤读书。他早起晚睡，抓紧分秒，勤学勤思。

经过刻苦钻研，牛顿的学习成绩不断提高，不久就超过了曾欺侮过他的那个同学，名列班级前茅。

后来，由于家庭的影响，牛顿一度辍学去学习经商。每天一早，他跟一个老仆人到十几里外的大镇子去做买卖。但牛顿非常不喜欢经商，他把一切事务都托付给老仆人经办，自己却偷偷跑到一个篱笆下读书。

一天，他正在篱笆下兴致勃勃地读书，赶巧被过路的舅舅看见。舅舅看到这个情景，很是生气，大声责骂他不务正业，把牛顿的书抢了过去。一看他所读的是数学书，上面画着种种记号，心里受到感动。舅舅一把抱住牛顿，激动地说："孩子，就按你的志向发展吧，你的道路应该是读书。"

在舅舅的帮助下，牛顿如愿以偿地复学了。从此，牛顿再度叩开学校的大门，成为一个品学兼优的学生，为他以后的科研工作打下了坚实的基础。

勤奋具有点石成金的魔力。那些出类拔萃的人物、那些将勤奋奉为金科玉律的人们，将使人类因他们的工作而受益。再也没有什么比做事拖拖拉拉更能阻碍一个人成功的了——它会分散一个人的精力、磨灭一个人的雄心，使人只能被动地接受命运的安排，而不是主动地去主宰自己的生活。

如果你觉得自己是个天才，如果你觉得"一切都会顺理成章地得到"，那可真是天大的不幸。你应该尽快放弃这种错觉，一定要意识到只有勤勉地工作才能使你获得自己希望得到的东西，在有助于成长的所有因素中，勤奋是最有效的。

这个世界上留存下来的辉煌业绩和杰出成就无一例外都来自勤奋的工作，不管是文学作品还是艺术作品，不管是政治家、诗人还是商业家。

没有人打败自己，人都是自己打败自己的。有人说，能战胜别人的人是英雄，能战胜自己的人是圣人。看来是英雄好当圣人难做。应该说，事业不成功的人，往往不是被别人打败的，而是败在自己的手里。有好多人对自己的懒惰无可奈何，最终战胜不了自己的懒惰，最后只得放弃自己心爱的事业。

亚历山大征服波斯人之后，他注意到波斯人生活腐朽，厌恶劳动，只讲享受，惰性十足。他说："不是我打败了波斯人，而是他们自己打败了自己，没有比懒惰和贪图享受更容易使一个民族奴颜婢膝的了，也没有比辛勤劳动的民族更高尚的了。"一个民族惰性十足，整个民族也就无可救药了；一个人如果惰性十足，那么这个人也就完蛋了。因为，劳动创造了人类，劳动创造了世界，劳动净化了灵魂。如果一个人厌恶劳动，惧怕艰苦，大脑得不到进化，又不能创造物质来供自己享用，就更谈不上事业成功了。

懒惰可以毁灭一个民族，当然要毁灭一个人更是轻而易举的事了。人们一旦背上懒惰的包袱，就会成为一个精神沮丧、无所事事、浑浑噩噩的人。那些生性懒惰的人不可能成为事业成功者，他们纯粹是社会财富的消费者而不是社会财富的创造者。

在现实生活中，那些事业成功者，你不要只看到他们成功之后的光荣和辉煌，看到他们受到人们的无比尊重，看到他们生活得是那么惬意潇洒，幸福快乐。没有一个人的成功不是用辛勤劳动换来的，没有一个人的幸福不是用辛勤的汗水换来的。他们的字典里没有"懒惰"这个词，只有"勤劳"两个字。

清华大学的食堂里出了个"英语神厨"，英语过了六级，还写出了一本畅销书，从一个厨师一跃走上了新的重要工作岗位。你问他是怎么成功的？那是付出了怎样的辛苦啊！晚上为了多看半个小时的书，主动承担起打扫宿舍卫生的工作，以此来获得半个小时的读书时间。只要有时间就往"英语角"跑，偷偷地混在大学生们中间，与他们用英语交流，借此来提高自己的英语水平。他的成功完全是用辛苦和汗水换来的。

而那些懒惰成性、游手好闲、不肯吃苦的人，他们不是不想成功，不是不想发财致富，只是他们害怕或者不愿意付出劳动，更不要说付出辛苦的劳动了，他们是真正的懦夫。无论多么美好的东西，人们只有付出相应的劳动和汗水，才能懂得这美好的东西是多么来之不易，才能从这种拥有中享受到快乐和幸福。

有谁听说过懒惰的人成就了辉煌伟业的吗？我是没有听说过，就算天上掉下了"伟业"的馅饼，懒惰者可能也因为起得太迟，而使它被起得早的人先捡走了。

惰性是一种隐藏在你内心深处的东西，当你一帆风顺的时候，你也许看不到它，而当你碰到困难、身体疲惫、精神萎靡不振时，它就会像恶魔一样吞噬你的耐力，阻碍你走向成功，所以，我们必须克服它，要时刻想着从困难的旋涡中挣脱出来。

古语云："天道酬勤。"这里所谓的"天道"，是指自然界有序运行的客观规律。

香港"珠宝大王"郑裕彤，出生在一个农民家庭，自幼家境贫寒，15岁时即中断学业，到香港"周大福珠宝行"当学徒。临行前，母亲叮嘱他："干活勤快，遵守规矩，多动手，少动口。"郑裕彤牢记母亲的教诲，干活勤快又机灵。他处处留意，看老板和同事如何做好经营管理，还在业余时间观察别的商家如何营业。

一次，他去别家珠宝店观察人家的经营之道，不料回来时遇上堵车，迟到了。老板发现后，问他何故迟到。他便据实相告。老板不相信一个小学徒还有这份心业，就问："你说说，你看出了什么名堂？"

郑裕彤不慌不忙地说："我看人家做生意，比我们要精明。客人只要一进店，伙计们总是笑脸相迎，有问必答。无论生意大小，一概客客气气，就是只看不买，也笑迎笑送。我觉得，这种待客的礼貌周到是最值得我们学习的。还有，店铺的门面也一定要装饰得像模像样，与贵重的珠宝相配。我看人家把钻石放在紫色的丝绒布上，光亮动人，让人看起来格外动心……"

郑裕彤侃侃而谈，周老板暗暗动心。他预感此子必成大器，便有意培养他。郑裕彤成年后，颇受周老板器重，周老板便将女儿嫁给他，后来干脆将生意全交给他打理。

郑裕彤接手生意后，经过一番苦心经营，"周大福珠宝行"发展成为香港最大的珠宝公司，每年进口的钻石数占全香港的30%。之后，郑裕彤又投资房地产业，成为香港几大房地产大亨之一。

"勤能补拙"是一句老话，可惜从学校毕业进入了社会，这句话就不一定能常听到了。能承认自己有些"拙"的人不会太多，能在进入社会之初即体会到自己"拙"的人更少。大部分人都认为自己即使不是天才，至少也是个干将，也都相信自己接受社会几年的磨炼后，便可一飞冲天。但能在短短几年即一飞冲天的人能有几个呢？有的飞不起来，有的刚展翅就摔了下来，能真正飞起来的实在是少数中的少数。为什么呢？大多是因为磨炼不够，能力不足。

所谓的"能力"包括了专业的知识、长远的规划以及处理问题的能力，这并不是三两天就可培养起来的，但只要"勤"，就能很有效地提升你的能力。

业精于勤荒于嬉。在通往成功的路上，曲折和坎坷是难免的，而不管多么聪明的人，要想从众多道路中取一捷径，都少不了一个"勤"字。所谓"书山有路勤为径，学海无涯苦作舟"，就是指读书与勤奋的关系。人生中任何一种成功和幸福的获取，大多都始于勤奋。

咬定青山不放松

在捕猎的过程中，狼对选定的猎物始终坚持"咬定青山不放松"的精神。面对猎物时，它们总是一心一意关注着猎物的动向。

曾有人借助现代仪器跟踪观察狼几天的捕猎行动。令人们惊奇的是，狼丝毫不对自己的任务感到厌倦心烦，它们从不毫无目的地追逐或骚扰猎物。狼看上去好像只满足于做观察者，实际上却在对正追捕的兽群中每个成员的身体状况和精神状态加以综合分析。

特别是在寒冷的冬天，狼是难以寻找到食物的。一次狼群偶尔在山岭上发现了一群犀牛。我们都知道，犀牛是一个多么强大的野兽，它比狼的身体要大上几倍，可以想象，狼是难以吃掉犀牛的，但是，狼并没有放弃，因为它们知道，现在这只庞大的猎物是它们能够活下来的希望。它们一直专注犀牛的动向，连续几天下来，它们发现犀牛一个致命的弱点，于是，狼群利用犀牛的这一弱点将犀牛变成口中之物，也解决了忍受了几天的饥饿。

狼的专注促使了捕猎的成功。如果狼没有长远的目标和专注的精神，就不可能发现犀牛的弱点，就很难战胜这个比自己大数倍的动物；如果狼没有专注的精神，可能早就放弃了这只犀牛，在这样寒冷的冬天，等待它们的可能就是死亡。

我们大多数人有过这样的情况：无论自己怎样努力，似乎就是做不到那么优秀；因为没有发挥自己的潜力，让大量的时间白白流失；总是被各种琐事缠身，无法专一地做自己真正想做的事情；自己有一个美好的生活目标，但却看不清实现梦想的道路。

如果你在寻找这些问题的原因，那么就是自己不够专注。只要醒着，我们就会被各种各样的信息包围。因为可以做到专心致志的时间太少了，所以我们现在所处的生活状况与应该达到的高度相距甚远。

干事业要成功，仅仅拼命与努力是不够的，你还必须把有限的时间和精力用在刀的打磨上，而不是这把磨磨那把磨磨，结果手里正磨着的不快，磨过的又生锈了。

想做成一件事情，在工作和学习上要取得成就，三心二意、心猿意马是最大的绊脚石。人与人相比，聪明的程度相差不是很大，但如果专心的程度不同，取得的成绩就大不一样。凡是做事专心的人，往往成绩卓著；而时时分心的人，终究得不到满意的结果。居里夫人在科学上取得那么大的成就，就因为她是一个做事专心致志的人。

专注于某一件事情，哪怕它很小，努力做得更好，总会有不寻常的收获。请看这样一件事。有一位陕西农村妇女没读完小学，连普通话都不太熟练。因为女儿在美国，她申请去美国工作。她到移民局提出申请时，申报的理由是有"技术特长"。移民局官员看了她的申请表，问她的"技术特长"是什么，她回答是"剪纸画"。她从包里拿出剪刀，轻巧地在一张彩纸上飞舞，不到三分钟，就剪出一组栩栩如生的动物图案。移民局官员连声称赞，她申请赴美的事很快就办妥了，引得旁边和她一起申请而被拒签的人一阵羡慕。

这个农村妇女没有其他的能耐，但她有一把别人都没有的剪刀。

一个人没有学历，没有工作经验，但只要有一项特长，一处与众不同的地方，就可能得到社会的承认，拥有其他人不能获得的东西。人要专心就能做成好多事。人的能力是了不起的，只要专注于某一件事情，就一定会做出使自己感到吃惊的成绩来。因为如果一个人专心致志地工作或学习，就说明他已经有了明确的奋斗目标，明白自己现在究竟要做什么事，不达目的，绝不罢休，而且表明了排除干扰的决心。当一个人专心致志时，就仿佛完全进入了另一个世界，对周围的喧闹声、说话声就会听而不闻。

互联网在近年来是一个盛产神话的地方。就像所罗门王的巨大宝藏，吸引了许多探宝者，有的满载而归，更多的是铩羽而归。在这些满怀淘金梦的人中，有一个叫李彦宏的人吸引了人们的眼球。在 1999 年底，IT 行业正处于一个由盛而衰的时期，30 岁的李彦宏从美国硅谷回国创业。他一心想在 IT 行业做番事业，将创业的方向锁定在中文搜索引擎上。之所以有这个选择，与他在北京大学图书馆系情报学专业求学的背景以及与他后来在美国读的计算机检索和为一家报纸做信息搜索的经历有关。专业知识的素养和相关工作的经验，都让李彦宏坚信互联网搜索将是非常有前景的商业模式。

2005 年 8 月 5 日，李彦宏的百度在美国的纳斯达克成功上市，狂升的股价于一夜之间为百度造就了 7 个亿万富翁、51 个千万富翁、240 多个百万富翁。

直到今天，回忆起百度一路艰难的历程时，李彦宏仍用"专注"一词来解释为何没有放弃中文搜索。"诱惑太多，转型做短信、网络游戏、广告的，都马上盈利了，我们选择了一条长征的路线，而且五年来一直没有变。"

IT 行业里还有一个鼎鼎有名的人，叫王文京，是用友软件集团公司的董事长。十几年的时间，王文京从一介书生发展到身价高达数十亿元的大亨，他一手缔造的用友软件也牢牢占据着中国财务软件的领导地位。谈及自己的创业方法，王文京用最简单的语言概述说："一生只做一件事。专注，坚持。要想在任何一个行业出头，必须有沉浸其中十年以上的决心，人一生其实只能做好一件事。"正是凭着这朴实而坚定的人生信条，王文京实现着用友软件商业化的梦想。

李彦宏和王文京都不约而同地强调"专注"，值得我们好好比照与反思自己的行为。专注，意味着集中精力发展与突破。很多人涉足很多领域，学习很多知识，其实学得不精，每一项都没有很强的竞争力。

工作的时候要做到心无旁骛，心思不专一工作不可能做好。其实，专一不光是工作的态度，也是生活的态度和思想的态度。工作中需要高度的专注，生活中也需要有专心致志的态度，思想上更是应该聚精会神。

如果工作中缺乏专心和专注的态度，就会导致纰漏百出，给上司或上级留下马虎、不谨慎、不负责的负面印象，进而影响你的薪水和升迁，得不偿失。不专心、老喜欢半途而废，就会导致精神涣散，做事情错漏百出，导致一生碌碌无为。

有位叫贾金斯的美国人，无论学什么都是半途而废。他曾经废寝忘食地攻读法语，但要真正掌握法语，必须首先对古法语有透彻的了解，而没有对拉丁语的全面掌握和理解，要想学好古法语是绝不可能的。

贾金斯进而发现，掌握拉丁语的唯一途径是学习梵文，因此便一头扑进梵文的学习之中，可这就更加旷日持久了。

贾金斯从未获得过什么学位，他所受过的教育也始终没有用武之地。但他的父母为他留下了一些本钱。他拿出 10 万美元投资办了一家煤气厂，经营煤气厂时他发现煤炭价钱高，于是，他以 9 万美元的售价把煤气厂转让出去，和别人合伙开办起煤矿来。可这又不走运，因为采矿机械的耗资非常巨大。因此，贾金斯把在矿里拥有的股份变卖成 8 万美元，转入了煤矿机器制造业。从那以后，他便像一个内行的滑冰者，在有关的各种工业部门中滑进滑出，没完没了。

他恋爱过好几次，但每一次都毫无结果。他对一位姑娘一见钟情，十分坦率地向她表露了心迹。为使自己匹配得上她，他开始在精神品德方面陶冶自己。他去一所星期日学校上了一个半月的课，但不久便逃掉了。两年后，当他到了求婚之日，那位姑娘早已嫁给他人。

不久他又如痴如醉地爱上了一位迷人的、有五个妹妹的姑娘。可是，当他去姑娘家时，却喜欢上了二妹。不久又迷上了更小的妹妹。到最后一个也没谈成。

来回摇摆的人永远都不可能成功。贾金斯的情形每况愈下，越来越穷。他卖掉了最后一份股份后，便用这笔钱买了一份逐年支取的终生年金，可是这样一来，支取的金额将会逐年减少，因此他早晚得挨饿。

工作、学习和生活中要是像贾金斯一样，别指望有成就。可是在我们身边，许多人往往走入误区，譬如一些大学生在校读书期间，忙着考这证考那证，证书攒了一大摞，忙着做主持、当模特，业余职业换了一个又一个，但毕业之后却很难找到一份合适的工作。其原因就是他们分散了时间和精力，没有专注于某一件事情，结果事与愿违。

不达目的不罢休

每年，美国的黄石公园都会有一些野牛被狼捕杀，其中不乏成年公牛。

重达一吨多、硕大健壮的成年野牛，连老虎、狮子也不敢轻易与之搏斗。为什么狼就敢于猎杀并最终赢得成功？

其实也没有太多技巧，无非紧紧跟随，不达目的不罢休。一直追到野牛疲倦，追到野牛体力不支为止。

有时候为了捕获猎物，狼往往一连几个星期地追踪一只猎物，搜寻着猎物留下的蛛丝马迹。狼在捕猎的时候，通常不会一帆风顺，时刻都存在生命危险，但狼只要锁定目标，不管跑多远的路程，耗费多长时间，冒多大风险，它都是永不放弃、永不言败的，直至追捕到猎物为止。

我们要做人生的强者，首先要做精神上的强者，做一个坚韧不拔、威武不屈的人。在你面临绝境无法摆脱时，在你气喘吁吁甚至精疲力竭时，你应该想象一下狼的忍耐力和意志力。在所有哺乳动物中，最具有韧性和意志力的动物，非狼莫属，狼生存最重要的技巧就是能够把所有的注意力集中于要捕猎的目标上，它只盯准要猎捕的目标，不达到目的是决不罢休的。

有一部著名的美国电影叫《肖申克的救赎》，电影讲述的是年轻的银行家安迪因被判决谋杀自己的妻子，被送往美国的肖申克监狱终身监禁。遭受冤枉的安迪外表看似懦弱，但内心坚定，从进监狱的那天开始就下决心一定要离开这里。他在监狱里遇见了因失手杀人被判终身监禁的摩根·费曼，两人很快成为好友。肖申克监狱是当时最黑暗的监狱，典狱长利用罪犯做苦役，为自己捞了不少好处。狱警对囚犯乱施刑罚，甚至将囚犯活活打死。

面对如此险恶的环境，安迪没有自甘堕落，他办监狱图书室，为囚犯播放美妙的音乐，还利用自己的知识帮助大家打点自己的财务。典狱长很快发现了安迪的特长，让他帮助自己清洗黑钱做假账。在暗无天日的牢笼中，安迪从未放弃过对自由、对美好生活的追求，他每天用一把小鹤嘴锄挖洞，然后用海报将洞口遮住。用了20年的时间，安迪才完成了地洞的开凿，成功地逃出监狱并最终把典狱长绳之以法。

安迪在莫大的误解、冤枉、恶劣的生存环境之下，竟然能够一直朝自己的目标在努力，令人非常震撼，如果一个人能用这样的毅力和忍耐力做一件事，想不成功也难。坚韧不拔的斗志是所有伟大成功者的共同特征。他们也许在其他方面有缺陷和弱点，但是坚韧不拔的斗志是每一个成功者身上不可或缺的。无论他处境怎样，无论他怎样失望，任何苦难都不会使他厌烦，任何困难都不会打倒他，任何不幸和悲伤都不会摧毁他。过人的才华和丰厚的禀赋都不如坚持不懈的努力更有助于造就一个伟人。在生活中最终取得胜利的是那些坚持到底的人，而不是那些自认为自己是天才的人。但是，很少有人完全理解这一点：杰出的成就都源于坚韧不拔的斗志和不懈的努力。

　　杰出的鸟类学家奥杜邦在森林中刻苦工作了许多年。一次，在他度假回来时，发现自己精心创作的200多幅极具科学价值的鸟类绘画都被老鼠破坏了。回忆起这段经历，他说："强烈的悲伤几乎穿透我的整个大脑，我接连几个星期都在发烧。"但过了一段时间后，他的身体和精神都得到了一定的恢复。他又重新拿起枪，拿起背包和笔，走向了森林深处。

　　无论一个人有多聪明，如果他没有坚韧不拔的品质，就不会在一个群体中脱颖而出，更不会取得成功。许多人本可以成为杰出的音乐家、艺术家、教师、律师或医生，但就是因为缺乏这种杰出的品质，最终一事无成。

　　坚韧不拔的斗志是一种力量，一种魅力，它使别人更加信赖你，每个人都信任那些有魄力的人。实际上，当他决心做这件事情时，已经成功一半了，因为人们都相信他会实现自己的目标。对于一个不畏艰难、一往无前、勇于承担责任的人，人们知道反对他、打击他都是徒劳的。

　　坚韧的人从不会停下来想想他到底能不能成功。他唯一要考虑的问题就是如何前进，如何走得更远，如何接近目标。无论途中有高山、有河流还是有沼泽，他都会去攀登、去穿越。而所有其他方面的考虑，都是为了实现这个终极目标。

　　歌德曾这样描述坚持的意义："不苟且地坚持下去，严厉地驱策自己继续下去，就是我们之中最微小的人这样去做，也很少会不达到目标。因为坚持的无声力量会随着时间而增长，到没有人能抗拒的程度。"

　　一个人为实现某个目标，焦虑到一定程度时，就会成为偏执狂。

对此，英特尔公司总裁安迪·葛洛夫曾说："唯有偏执狂才能成功！"因为，在成功之前，在还看不到希望的时刻，绝大多数人都陆陆续续地放弃了，这就像是阿里巴巴创始人马云说的那样："今天很残酷，明天更残酷，后天很美好，但是绝大多数人死在明天晚上，见不着后天的太阳。"偏执狂却不一样，作为成功的少数派，他们能够始终坚持他们的目标，不管经历多少风雨险阻，不离不弃，直到"后天的太阳"升起，收获一个灿烂的黎明。

肯德基的创始人桑德斯上校在65岁时还身无分文，孑然一身，当他拿到生平第一张救济金支票时，金额只有105美元，但他没有抱怨，而是自问自己："到底我对人们能做出什么贡献呢？我有什么可以回馈的呢？"

随之，他便思量起自己的所有，试图找出可为之处。头一个浮上他心头的答案是："很好，我拥有一份人人都会喜欢的炸鸡秘方，不知道餐馆要不要？我这么做是否划算？"

随即他又想到："要是我不仅卖这份炸鸡秘方，同时还教他们怎样才能炸得好，这会怎么样呢？如果餐馆的生意因此而提升的话，那又会怎样呢？如果上门的顾客增加，且要点我的炸鸡，或许餐馆会让我从其中抽成也说不定。"

好点子人人都会有，但桑德斯上校就跟大多数人不一样，他不但会想，而且还知道怎样付诸行动。随后他便开始挨家挨户地敲门，把想法告诉每家餐馆："我有一份上好的炸鸡秘方，如果你能采用，相信生意一定能够变得更好，而我希望能从增加的营业额里抽成。"

很多人当面嘲笑他："得了吧，老家伙，若是有这么好的秘方，你干吗还穿着这么可笑的白色服装？"这些话是否让桑德斯上校打退堂鼓呢？*丝毫没有*，因为他还拥有天字第一号的成功秘诀，那就是执着，决不轻言放弃。

于是，他驾着自己那辆又旧又破的老爷车，足迹遍及美国每一个角落。困了就和衣睡在后座，醒来逢人便诉说他的炸鸡配方。他为人示范时炸制的鸡肉，经常就是他果腹的餐点。

两年过去了，桑德斯上校近乎偏执的坚持终于为他换来了成功。在整整被拒绝了1009次之后，桑德斯上校听到了第一声"同意"，他的炸鸡配方终于被接受了。

或许偏执坚持的人，不一定都会有桑德斯上校最后那样好的结果，能够获得成功。但无论成功与否，有一点毋庸置疑，那就是：他们始终在不断争取、不断前进，向着目标切实努力着，也始终保持着继续坚持的勇气和永不妥协的执着。

一言以蔽之，坚韧不懈者总是生活的强者。

以坚韧不拔的毅力，在绝望中开辟生存之路

在人类统治地球以前，狼曾是世界上分布最为广泛的野生动物之一。当人类的足迹遍布地球之后，狼的生存受到致命的打击。由于人们长期对狼的偏见和憎恨，大规模的捕杀几乎使它们面临灭顶之灾。在这样艰苦的生存条件下，狼仍然没有屈服于人类，它们不需要人的施舍，只希望能不被打扰，按自己的秩序和生活方式生存。

正因为这种坚持，使它们虽然几乎从地球上灭绝，但仍锲而不舍，自由地游荡于更为遥远偏僻的地方，哪怕需要大幅度的迁移，去适应更为严酷的气候和更为恶劣的环境。在辽阔的草原，在潮湿的热带雨林，在干燥的沙漠，在寒冷的北极，在世界上的每一个地方都有狼群。这是何等顽强的生命，多么令人感慨的物种！

这就是狼族，即使它们处于绝望的境地，也要顽强地生存下去。

当一个人像狼一样陷入绝境的时候，又将会如何呢？

一个人陷入绝境的时候，通常会有两种不同的情绪：很大一部分人会产生绝望的情绪，以至于思想崩溃，做出完全放弃甚至疯狂的行为；另有一小部分人则能做到冷静思考，想办法如何摆脱困境。

显然，第二类人的做法是正确的。第一类人的行为无助于摆脱困境，只能使自己处于更加被动的局面，对解决问题毫无帮助。从1917年7月到10月，松下幸之助投入了所有的创业资金，却只回收

了不到 10 日元的资金。松下幸之助并没有因首战失利而陷入颓唐，相反，他还是如最初那样斗志昂扬。他的下一步准备是从产品改良着手，试图用高性能的产品突破销售的窘境。

然而，产品的改良是需要资金的。此时的松下幸之助已经到了连吃饭都成问题的地步，到哪儿去筹这笔钱呢？

时间一天一天过去了，原先雄心勃勃的森田君和林伊三郎不得不为了生计，离开了松下幸之助的电器制作所。

松下幸之助会退缩吗？他会回到那个仍希望他回去工作的电灯公司吗？不，他不会。他仍然独自地、默默地、苦苦地支撑着他的事业。

眼看年关快到了，那一年，大阪的冬天格外冷。松下幸之助的改良新插座制作因资金匮乏陷于停顿，照这样硬撑，家庭工厂在来年只有关门这条路了。但是天无绝人之路——12 月份的一天，松下非常意外地接到某电器商会的通知：急需 1000 个电风扇的底盘。对方说："时间很紧，如果你们的产品质量良好的话，每年需要两三万台的批量都是有可能的。"

松下并不知道他们是如何找到他这家濒临倒闭的家庭小作坊并下订单的。在第二次改良插座之际，他曾去过一些电器行做市场调查，也为第二次产品的销售事先联络感情。松下只是介绍他准备推出的新型插座，压根没谈及过电风扇底盘。

电风扇底盘是由川北电器行订购的。他们原来用的底盘是用陶器制作的，既笨重，又容易破损，于是，才想到改用合成树脂。他们挑选了好几家制造商，最后才确定选在松下的这家家庭工厂。这是因为他们认为松下生产的插座不好用，但作为原料的合成树脂本身却没有问题；松下的家庭工厂没有正规产品，因此会全力以赴地制作电风扇底盘。为此，他们还暗地里来探视考察过。那时候，大阪的电器制造厂家大都规模不大，不过松下的小作坊还不算特别寒碜。

松下马上把改良插座的计划搁下，全身心地投入到底盘制作中。妻子井植梅之又一次作出重大牺牲，把陪嫁首饰押到典当铺去。松下凭着这点珍贵而又可怜的资金，找模具厂定做模具。一连七天，松下都蹲在模具厂亲自监督模具的制作。

这可是千载难逢的生意，如果耽误了，以后就不会有第二次。模具做好后，压制了六个样品送往川北电器行鉴定，他们说："可以，请立即投入批量生产，12 月底先交 1000 只。如果好，紧接着再订购四五千只不成问题。"

松下带着内弟井植岁男投入制造，当时的设备只有压型机和煮锅。岁男刚刚 15 岁，个子特别矮小，力气也小，因此，压型全由松下一人担当。当时的压型机还没有配动力，全靠手工，这可是件笨重的体力活，对体弱的松下来说，实在是勉为其难。松下一心为赶时间出产品，并不觉得十分苦。岁男负责将成品擦亮，松下调料时他蹲在地上烧火。整个车间和卧房烟雾弥漫，刺鼻且有毒的柏油气味熏得人眼泪鼻涕淋漓俱下。

每天的进度是 100 只，不到月底，他们终于把 1000 只订货交清。电器行的职员满意地说："不错不错，川北老板一定会很高兴，我们会再给业务让你们做。"

松下收到 160 元现金，除去模具材料等费用，大约足足赚了 80 元钱。这是松下家庭工厂第一次盈利，他们的喜悦之情，难以言表。

　　松下幸之助在一次演讲中谈到"永远不要绝望"这一话题时，有一位年轻的听众问道："如果做不到怎么办？"松下幸之助斩钉截铁地回答："如果做不到的话，那就抱着绝望的心情去努力工作。"

　　松下幸之助所谓的"抱着绝望的心情"，并不是一种负面的、悲观的心情，而是一种不达目的不罢休、坚忍不拔的精神。"有志者，事竟成，破釜沉舟，百二秦关终属楚；苦心人，天不负，卧薪尝胆，三千越甲可吞吴"——正是"抱着绝望的心情"去努力、去打拼的结果。

　　坚忍可以克服一切难关。试问诸事百业，有哪一种可以不经坚忍的努力而获得成功呢？

　　在贫困的农村，有无数因坚忍而成功的事实。坚忍可以使柔弱的女人们养活她们的全家；可以使穷苦的孩子努力奋斗，最终找到生活的出路；可以使残疾人靠着自己的辛劳，养活他们年老体弱的父母。除此之外，如山洞的开凿、桥梁的建筑、铁道的铺设，没有一件事不是靠着坚忍而成功的。人类历史上伟大的功绩之一——万里长城的修建，也要归功于建设者的坚忍。

　　在世界上，没有别的东西可以替代坚忍，教育不能替代，父辈的遗产和有力者垂青也不能替代，而命运则更不能替代。

　　秉性坚忍，是成大事立大业者的特征。这些人之所以能获得巨大的事业成就，或许没有其他卓越品质的辅助，但肯定少不了坚忍的意志。使从事体力者不厌恶劳动，使终日劳碌者不觉疲倦，使生活困难者不感到沮丧，原因都是这些人具有坚忍的品质。

　　依靠坚忍为资本而终获成功的年轻人，比以金钱为资本获得成功的人要多得多。人类历史上成功者的故事足以说明：坚忍是摆脱困境的最好药方。

已过世的克雷古夫人说过："美国人成功的秘诀，就是不怕失败，他们在事业上竭尽全力，毫不顾及失败，即使失败也会卷土重来，并立下比以前更坚忍的决心，努力奋斗直至成功。"

有些人遭到了一次失败，便把它看成拿破仑的滑铁卢，从此失去勇气，一蹶不振。可是，在刚强坚毅者的眼里，却没有所谓的滑铁卢。那些一心要得胜、立意要成功的人即使失败了，也不以一时失败为最后结局，还会继续奋斗。在每次遭到失败后再重新站起来，比以前更坚强地向前努力，不达目的决不罢休。

有这样一种人，他们不论做什么都会全力以赴，总是有着明确而必须达到的目标。在每次失败时，他们便笑容可掬地站起来，然后下更大的决心向前迈进。比如，美国南北战争时期的格兰特将军就从不知道屈服，从不知道什么是"最后的失败"，在他的词汇里面，也找不到"不能"和"不可能"几个字，任何困难、阻碍都不足以使他跌倒，任何灾祸、不幸都不足以使他灰心。

坚忍勇敢，是伟大人物的特征。没有坚忍勇敢品质的人，不敢抓住机会，不敢冒险，一遇困难，便会自动退缩，一获得小小的成就，便感到满足。

历史上许多伟大的成功者，都具有坚忍的品质。发明家在埋头研究的时候，是何等的艰苦，一旦成功，又是何等的愉快。世界上一切伟大事业，都是在坚忍勇敢者的手中诞生，当别人开始放弃时，他们却仍然坚定地去做。真正有着坚强毅力的人，做事时总是埋头苦干直到成功。有许多人做事有始无终，在开始做事时充满热忱，但因缺乏坚忍与毅力，不待做完便半途而废。任何事情往往都是开头容易而完成难，所以要估计一个人才能的高下，不能看他下手所做的事情有多少，而要看他最终的成就有多少。例如在赛跑中，裁判并不计算选手在起跑出发时怎样快，而是只计算跑到终点时间的先后。

所以，要考察一个人做事成功与否，要看他有无坚忍的品质，能否善始善终。坚忍不拔、锲而不舍是人人应有的美德，也是完成工作的要素。有些人在和别人合作完成一件事时，起先还是共同努力的，可是到了中途便感到困难，于是就停止合作了。只有那么一部分少数人还在勉强维持。可是这少数人如果没有坚强的毅力，工作中再遇到阻力与障碍，势必也会随着那放弃的大多人数，同归失败。所以，要想取得成功，就要培养和练就自己坚忍不拔的品性，无论遇到什么艰难困苦，都要保持奋发向上的热情，保持成功的信念，不断向着成功迈出坚实步伐。

（1）能吃多大苦，会享多大福

有人说：每一次挫折都带着具有等值好处的种子。这种观点很有道理。中国有句俗语"能吃多大苦，就会享多大福"，说的也是这个道理。挫折与成功是一对对立的矛盾统一体。在你承受挫折的同时，往往也是你增长见识、增长能力、增长成功概率的良好时机。有时候，挫折甚至会带来超过自身价值的回报。所谓"不经历风雨，怎么能见彩虹。没有人能随随便便成功"，正是这种境界。正因为这种挫折是走向成功的必经程序，没有这样的挫折你就永远不能成功。从一定意义上说，还应该感谢挫折，是挫折为你带来了成功的种子。

每个人对待挫折的正确态度是：以积极的心态面对挫折，以高昂的热情挑战挫折，最终坚定自己战胜挫折的信心和勇气，并向着前方的目标挺进。维持这种态度的最好方式在于充分发展自己的意志力，将挫折看成挑战和考验。这个挑战，应该被接受为一项刻意传达的信息，必须适度修正自己的计划。看待挫折就好像看待病痛一般，显然，肉体上的病痛是大自然通知个人的一种方式，说明有些事情需要加以注意及矫正。病痛可能是福气，而非祸因。同理，当人遭遇挫折时所经历的心理痛苦，或许会带来不舒服的感受，然而，它却是有益的。

斯巴昆说："有许多人一生之所以伟大，是因为他们所经历的大困难。"精良的斧头、锋利的斧刃是从炉火的锻炼与磨削中得来的。很多人，具备"大有作为"的才智，但是，由于一生中没有同"逆境"搏斗的机会，没有充分的"困难"磨炼，不足以刺激起其内在的潜能，而终生默默无闻。逆境不全是我们的仇敌，有时也算是恩人。逆境可以锻炼我们"克服困难"的种种能力。森林中的大树，不同暴风猛雨搏斗过千百回，树干不会长得结实。人不遭遇种种逆境，他的人格、本领，也不会完美。一切磨难、忧苦与悲哀，都是足以助长我们、锻炼我们的"增塑剂"。

在某次战役的一次战斗中，一颗炮弹把战区中的一座美丽的街心花园炸毁了。但在那被炮火所炸开的泥缝中，却忽然喷射出一股泉水。从此以后，这儿就成了一处永久不息的喷泉。

逆境与忧苦，能将我们的心灵炸碎。但在那被炸开的裂缝中，会有丰富的经验、新鲜的欢愉不停地喷射出来！有许多人不到穷困潦倒，不会发现自己的力量。灾祸的折磨，足以助我们了解自己。困苦、逆境，仿佛是将生命炼成"美好"的铁锤与斧头。唯有逆境、困难，才能使一个人变得坚强、变得无敌。

一位著名的科学家说："当他遭遇到一个似乎不可超越的难题时，就知道自己快要有新的发现了。"

初出茅庐的作家，把书稿送入出版社，往往要遭受"退稿"的冷遇，但"退稿"却造就了许多著名的作家。

逆境足以燃起一个人的热情，唤醒一个人的潜力而使他达到成功。有本领、有骨气的人，能将"失望"变为"扶助"，像蚌能将烦恼它的沙砾化成珍珠一样。鸷鸟一旦羽毛生成，母鸟会将它们逐出巢外，强行让它们做空中飞翔的练习。那种经验，使它们能于日后成为自由飞翔和觅食的能手。

凡是环境不顺利，到处被摒弃、被排斥的年轻人，往往日后会有大出息；而那些从小就生活在顺境中的人，却常常会"苗而不秀，秀而不宝"。自然往往在给予人一分困难时，同时也添给人一分智力。

贫穷、痛苦不是永久不可超越的障碍，而是心灵的刺激品，可以锻炼我们的身心，使得身心更坚毅、更强固。钻石越硬，则它的光彩越耀眼，要将其光彩显示出来时所需的摩擦也越多。只有摩擦，才能使钻石显示出它全部的美丽。火石不经摩擦，不会发出火花；人不经历坎坷，生命火焰不会燃烧。

年轻人在工作、生活中，如何对待挫折，既是成熟与幼稚的标志，也是能否历练成才的关键所在。如果一遇到丁点挫折就牢骚满腹，怨天尤人，则只能在挫折的泥淖中越陷越深。反之，就会使自己不断成熟，并最终把挫折附带的种子培育成灿烂的花朵和丰硕的果实，到那时你品尝到的将是成功之美酒。

（2）一次跌倒，并不是弱者

　　"在哪里跌倒，在哪里爬起来"是不逃避失败的一种态度，同时也可让同行的人看到"我某某站起来了"，但你必须先确定你走的路是对的。如果跌倒之后，发现原来是走错了路，也就是说，你走的是一条不能发挥你的专长、不符合你性格的路，为什么不能在别的地方爬起来呢？事实上，就有不少人做过很多种工作，最后才找到适合他的行业。而且，只要能够成功，谁在乎你从哪里爬起来呢？因为一次跌倒，并不能证明你是弱者。

　　为什么强调一定要爬起来，主要有以下几个理由。

　　人性是看上不看下、扶正不扶歪的。你跌倒了，如果你本来就不怎么样，那别人会因为你的跌倒而更加看轻你；如果你已有所成就，那么你的跌倒将是许多心怀妒意的人眼中的"好戏"。所以，为了不让人看轻，保住你的尊严，你一定要爬起来！不让他人小看，不让他人笑看。

　　"跌倒"并不代表你将永远起不来，但前提是你先得爬起来，才能继续和他人竞逐，躺在地上是不会有任何机会的，所以你一定要爬起来。

　　如果你因为跌重了而不想爬起来，那么不但没有人会来扶你，而且你还会成为人们唾弃的对象；如果你忍着痛苦要爬起来，迟早会得到别人的协助；如果你丧失"爬起来"的意志与勇气，当然不会有人来帮助你，因此，你一定要自己爬起来！

　　一个人要成就事业，其意志相当重要。意志可以改变一切，跌倒之后忍痛爬起，这是对自己意志的磨炼。有了如钢的意志，便不怕下次可能遭遇的挫折。因此，为了你今后漫长的人生道路，你一定要爬起来！

有时候人跌倒了，心理上的感受与实际受到伤害的程度不一样，因此你一定要爬起来。这样，你才会知道，你完全可以应付这次的跌倒，也就是说，知道自己的能力何在。如果自认为起不来，那岂不浪费了自己的大好才能？

总而言之，不管跌的是轻还是重，只要你不愿爬起来，那你就会丧失机会，被人看不起。这就是人性的现实，没什么道理好说。所以你一定要自己爬起来，并且能重新站立起来。就算爬起来又倒了下去，至少也是个勇者，而绝不会被人当成弱者。

至于跌倒了应在哪里爬起来，有人说"在哪里跌倒，就在哪里爬起来"，其实也不尽然，你也可在别的地方爬起来！

人的一生不可能一帆风顺，总有摔跤跌倒之时，这就是打击。但有一点要记住：不管你是什么形式的"跌倒"，不管你跌得怎样，一定要记住，跌倒了，一定要爬起来！

意识到危机才有生机

在狼的世界里，"适者生存"的大自然法则依然持续运作着，最虚弱的狼也会消失。狼的生存主要是寄托在战胜对手、吃掉对手的方式上，否则会被饿死。而捕猎是危险的，狼在捕获猎物的时候，常常会遇到拼死抵抗的猎物，一些大型猎物有时还会伤及狼的生命。

一旦捕猎成功，狼还必须警惕其他不劳而获的动物的袭击。这些动物还经常袭击、捕杀狼的幼崽。狼必须时刻警惕来自不同方面的侵袭。

狼是一种时刻都保持危机感的动物。能生存多年的老狼，都经历了无数次的生存与死亡的战斗，很多次它们都是用自己的勇敢挽救了自己的生命。敌人在它们身上留下了太多的伤痕，而这些伤痕也见证了它们顽强的生命力。自然衰老而死亡的狼在狼群中所占的比例极其微小，只有1%～15%。从这个数字，我们就可以想象到狼群的生存环境是多么恶劣。

经验丰富的老牧民都知道，在狼吃食物时，任何人都不能靠近。一旦靠近，狼就会近乎疯狂地对人进行攻击。狼在吃食物时这种本能的表现就是因为在狼的头脑中存在着危机意识。没有食物，它们就不能生存。无论是在草原、森林，还是在雪原，狼要获得食物都要经过艰苦的努力，甚至要付出生命的代价。狼知道食物的宝贵，夺走它们的食物，就像夺走它们的生命。它们保卫自己的食物就相当于在保卫自己的生命。

狼必须时刻都保持高度的警惕性，因为危险时刻都围绕在它们身边。只要稍微放松，就有可能被猎人打死或者被其他肉食动物吃掉。

一般在离牧民居住区较近的地方，它们都会格外小心，会用嘴叼一些物体扔到牲畜尸体周围，来看看有没有陷阱。等探明了没有危险之后它们才放心地走过去，但也并不是立刻就去撕咬食物，而是用它们嗅觉灵敏的鼻子去闻闻尸体。如果有异常的味道，它们也不会去吃，因为那有可能是牧民们在牲畜的尸体上撒了毒药。

狼的这种危机意识，保障它们生存到现在。

"危机"是什么？"危机"源于医学用语，一般指人濒临死亡、生死难料的状态，有生的可能，又有死的威胁，后来被演绎成人们形容不可预期、难以控制的局面的词。

美国康奈尔大学做过一个有名的实验。经过精心策划安排，他们把一只青蛙突然丢进煮沸的开水里，这只反应灵敏的青蛙在千钧一发的生死关头，用尽全力跃出了那势必使它葬身的开水，跳到地面安然逃生。隔半小时，他们使用一个同样大小的铁锅，这一回在锅里放满冷水，然后把那只死里逃生的青蛙放在锅里。这只青蛙在水里不时地来回游动。接着，实验人员偷偷在锅底下用炭火慢慢加热。

青蛙不知究竟，仍然在微温的水中享受"温暖"，等它开始意识到锅中的水温已经使它熬受不住，必须奋力跳出才能活命时，一切已为时太晚。它全身乏力，呆呆地躺在水里，终致葬身在铁锅里面。

　　这个实验揭示了一个残酷无情的事实——一个人太过安逸，就会不思上进，从而失去对抗挫折的本能，当面临危险威胁的时候，毫无办法，只有乖乖屈服。

　　美国心理学家研究发现，居安思危、适度快乐的人往往比满足现状、高度快乐的人学历更高、更富有，甚至更健康。我国的古人就曾说过："居安思危，思则有备，有备无患。"意思是，即使现在处境安全也应考虑到可能出现的危险，只要有了这种意识就相当于有了准备，而有了准备就可以保证在危险发生时不造成损害。

　　人无远虑，必有近忧。在生活中，一定要有"居安思危"的危机意识，因为，它不仅能够帮我们化险为夷，更能够为我们的成功保驾护航。比如，日本著名企业家松下幸之助在总结其企业成功的经验时就特别强调，长久不懈的危机意识是使企业立于不败之地的基础。因为，危机意识是成功的保险。有了危机意识，就会激励人们奋发图强，防微杜渐，避免危机发生，即使危机发生了，也会挽狂澜于既倒，转危为安。

保持好的心态做事

狼始终保持积极的心态。原野中，狼在奔跑着，狂傲的长啸时时回荡在旷野上，透露着它的野性与傲慢。野狼似乎永远都处于高度亢奋的状态，它们往往一连几个星期地追踪一只猎物，踩着猎物留下的蛛丝马迹，轮流协作，接力追捕，在运动中寻找战机。它们只瞄准猎物，不达目的绝不放松。对于不能达到的目标，它们绝对不会做无意义的行动，不管是恐吓性的咆哮，还是无谓的奔跑。

其实，人也一样，做任何事情，都需要保持好的心情。好的情绪是做事成功的开始。

生活与事业上，永远不可能一帆风顺，总会有许多不如意的事。保持乐观的心态去面对生活与事业上的难题，怀着好心情去做事，才有利于解决问题。

心情就如一辆汽车的发动机，一旦你的心情出了问题，就会丧失前进的动力。虽然人人都知道好心情会使人生活得快乐、更容易走向成功，可是随着如今这个社会节奏的加快，似乎心情不好已经成为一种口头禅、流行病，影响人们的工作，影响人们的生活，也影响人们的事业成就。

马克思有句名言这样说道："一种美好的心情要比十副良药更能解除生理上的疲惫和病理上的痛苦。"一个人心情的好坏会直接影响到生活、学习和工作。

一个病重的女儿对她的父亲抱怨，说她的生命是如何如何痛苦、无助，她是多么想要健康地走下去，但是她已失去方向，整个人惶惶然，只想放弃。她已厌烦了抗拒、挣扎，但是问题似乎一个接着一个，让她毫无招架之力。

父亲二话不说，拉起心爱的女儿，走向厨房。他烧了三锅水，当水滚了之后，他在第一个锅子里放进萝卜，第二个锅子里放了一颗蛋，第三个锅子里则放进了咖啡。

女儿望着父亲，不知所以然，而父亲则只是温柔地握着她的手，示意她不要说话，静静地看着滚烫的水，煮着锅里的萝卜、蛋和咖啡。一段时间过后，父亲把锅里的萝卜、蛋捞起来各放进碗中，把咖啡滤过倒进杯子，问："你看到了什么？"

女儿说："萝卜、蛋和咖啡。"

父亲把女儿拉近，要女儿摸摸经过沸水烧煮的萝卜，萝卜已被煮得软烂；他要女儿拿起一颗蛋，敲碎薄而硬的蛋壳，她细心地观察着这颗水煮蛋；然后，他要女儿尝尝咖啡，女儿笑起来，喝着咖啡，闻到浓浓的香味。

女儿谦虚恭敬地问："爸，这是什么意思？"

父亲解释：这三样东西面对相同的环境也就是滚烫的水，反应却各不相同：原本粗硬、坚实的萝卜，在滚水中却变软了，变烂了；这个蛋原本非常脆弱，那薄而硬的外壳起初保护了它液体似的蛋黄和蛋清，但是经过滚水的沸腾之后，蛋壳内却变硬了；而粉末似的咖啡却非常特别，在滚烫的热水中，它竟然改变了水。"

"你呢？我的女儿，你是什么？"父亲慈爱地问虽已长大成人却一时失去勇气的女儿，"当逆境来到你的门前，你做何反应呢？你是看似坚强的萝卜，但痛苦与逆境到来时却变得软弱，失去力量吗？或者你原本是一颗蛋，有着柔顺易变的心？你是否原是一个有弹性、有潜力的灵魂，但是却在经历死亡、分离、困境之后，变得僵硬顽强？或者，你就像是咖啡？咖啡将那带来痛苦的沸水改变了，当它的温度升高到100℃时，水变成了美味的咖啡，当水沸腾到最高点时，它就愈加美味。

"如果你像咖啡，当逆境到来、一切不如意时，你就会变得更好，而且将外在的一切转变得更加令人欢喜，懂吗？我的宝贝女儿？是让逆境摧折你，还是你来转变，让身边的一切事物感觉更美好、更善良？"

面对人生这杯滚烫的水，你的反应决定了你的人生最终变成什么样。人要好好地生活，不能被生活所俘虏，生活中会遇到许多意想不到的事情，有激动和震荡，有高潮和低潮。对那些被积极的心态所激励，想成为成功者的人来说，不管人生给了他多么痛苦不堪的际遇，他都能在黑暗中看到光明。

从心理学角度来看，一个人心情好的时候头脑属于最灵活的时期，思维特别的灵敏，做事情的效率要远远高于心情不好的时候。因此，无论到任何时候，我们都要保持良好的心态，用快乐的心情迎接每件事情，也只有这样，我们才能把事情做得更好。

当一个人心情开朗的时候，对什么都会充满热情，对生活也会充满希望，做起事来也会积极上进。那么，自然也就会顺顺利利，最终走向成功的顶峰。其实，人的开始并没有太大的区别，命运都掌握在自己的手中，之所以有人成功，有人失败，往往都是他们的心理问题，不能用良好的态度面对生活以及自己所做的事情，这才是他们真正走向失败的原因。因此，我们一定要用明亮的心情去面对一切，这样，我们的未来一定会一片光明。

心情将会直接影响到我们的生活、工作和学习，拥有平静的心情不仅会使我们生活得更加快乐，也会使我们在成功的道路上走得更加顺畅。

人非圣贤，孰能无过？人类都是感性的动物，无论是谁都会遇到一些或大或小的烦恼的事情。有些烦恼是可以避免的，是可以解决掉的，而有些事情可能就是没有办法的。当我们遇到这种事情的时候该怎么办？大多数人会变得闷闷不乐、唉声叹气，很明显，如果抱有这样的心态，那事情永远都不会得到解决。我们要做的是不要一直沉浸在烦恼之中，要学会忘记。在有些时候，我们还可以将这种心情发泄出去。

一位心理学家曾这样说道："当你无法改变事实给你带来的烦恼时，就要学会忘记烦恼，这是你唯一重新获得快乐的方法。"

烦恼是伤害我们心灵的毒药，烦恼是好心情的克星，有它在，人就不可能会生活得快乐。心理学研究表明，当一个人心情不好，生活不快乐时，他的身体健康程度就会下降，个人的反应能力也会随之而降低，前进的动力和做事的效率都会降低。所以说，为了生活的幸福，获得更好的发展，我们一定要学会清洗自己的心灵，千万别让烦恼损害我们。

很久以前有位禅师，他在得道之前曾跟着龙潭大师学习，龙潭大师日复一日地要求他诵经苦读，时间久了他便有些耐不住性子了。

一天，他跑来问师父："我就是师父翼下正在孵化的一只小鸡，真希望师父从外面尽快地啄碎蛋壳，让我早些破壳而出！"

大师笑着说："被别人破开蛋壳而出来的小鸡，永远不能生存下来。你突破不了自我，最后只能死于腹中。不要指望师父给你带来什么帮助。"

他推开门走出去时，看到外面非常黑，就说："师父，天太黑了。"大师便给了他一支点燃的蜡烛，他刚接来，大师就把蜡烛吹灭，并严肃地对他说："如果你心头一片黑暗，那么，什么样的蜡烛都无法将其照亮！而只有你点亮了心灯一盏，天地自然就会一片光明。"

听完师父的话，他醍醐灌顶，后来果然青出于蓝，成了一代大师。

想要有平静的心态和快乐的情绪，就要学会清除内心的黑暗，烦恼只存在于人的心中，只要你能点燃心中的那盏灯，黑暗就会被照亮，烦恼也就会随之消失。

亨利曾写过这样的诗句："我是命运的主人，我主宰自己的心灵。"既然人生不售回程票，我们更应当珍视我们的人生，享受我们的生活，不管上天给我们安排了什么样的旅伴，我们都要把握住自己的内心，积极地塑造自己的未来。

第七章
狼行千里，强者心态

狼行千里吃肉，马行千里吃草，活鱼逆流而上，死鱼随波逐流。再艰苦的生存环境，也没有影响狼积极的心态。狼有不知疲惫的激情，有战斗到底的信念，有放手一搏的勇气，有不甘摆布的血性，有舍我其谁的自信，有临危不乱的沉静……这一切都来自它们积极的心态。

不知疲倦的激情

在极其艰难复杂的生活环境中，狼从没有消沉、懈怠、萎靡和颓废；即使有的时候，不得不面对狮子、老虎等强大的敌人，狼也从不绝望，这个自然界的精灵始终保持着昂首向上的激情。

这点值得我们学习。

一个人没有了热情和激情，同样是可怕的，行尸走肉似的过了一天又一天，等到暮年才恍然悔悟，会有一种很痛苦的后悔袭上心头的。

有人说人生如戏，要永远珍惜。就像《喜剧之王》中的尹天仇，他什么都没有，只有演戏的激情，以及他十分珍惜的演员称号。在他看来，跑龙套也是演员。确实如此，一个人无论多么卑微，在舞台上扮演多么可怜的角色，那都是自己，都是演员。我们很羡慕别人拥有财富，我们经常把自己比作穷人。其实我们每一个人都不穷，我们拥有知识、有理想、有文化。其实真正有理想的人是永远都不会被困住的，困境只不过是茧，总有一天，自己会破茧而出，成为一只美丽的蝴蝶。而在与困境的斗争中，我们锻炼了自己的能力，锻炼了自己的才干，这就是蝴蝶的强有力的翅膀。无论我们处在如何卑微的位置，永远要相信自己是人生的主角，只有保持这样一种姿态和心态，才能够最后取得大成功。

作为戏中的唯一主角，任何时候都不能自暴自弃。自暴自弃意味着人生这场戏已经提前结束。自暴自弃或许能够得到一时的心理安慰，但是从长远来看，绝对是有百害而无一利的。无论在生活中受到怎样的打击，我们都要坚信打击能够促使自己更快地成长，它并不是负担，也不是让我们消沉的理由。有些人一受到打击，就沉沦，就消沉，这实际上是给自己找个借口，以图一时的安逸。受到的打击不应该成为我们的借口，而应该成为成长的食粮。有些人过了25岁就没有了理想，可能是因为习惯了生活。生活是平淡的，但并不允许我们平庸。能取得大成功的人一定不会在平淡生活中沉沦，他们有信心、有毅力，即使没有观众，他们也专心地扮演着自己的角色。历史上有成就的人往往都是孤独的，他们从来就不沉沦，即使看不到前途，他们也凭借自己的使命在专心做自己的事情，正是这种坚持不懈，才取得了最后的成功。

作为人生的主角，我们要做的事情很多。我们要确定自己所想扮演的角色，我们要规划自己的人生目标，我们要确定自己的人生方向。我们不能浑浑噩噩地站在舞台上茫然不知所措。我们要用有限的时间尽可能地展现自己的风采，赢得人们的喝彩。我们要学会按照自己的意愿来做人做事，不要过分看别人脸色。我们要知道珍惜，不要再错过，已经错过的，就让它过去，不要再恋恋不舍。我们要学会把自己一生的时间用于最想做的事情。我们不要再为没有财富而苦恼，当然我们也不能放弃追求财富的种种努力。我们要学会做一个有主见、有思想、有方向的人，而不要做一个随波逐流、人云亦云的人。我们要成为大成功者，这种成功重要的是过程，而不是结果。同时，这种成功和别人的不一样，是别人无法取得的。

不要花时间去嫉妒和谈论别人，要用更多的时间努力演出、努力付出，只有这样，才能演好人生这部戏。

需要特别强调的是，无论在任何时候我们都要充满激情和热情，努力投入地去生活。要学会在生活中找到更正确、更适合自己的目标，并且朝着这些目标不断地前进。与那些有着光鲜背景的互联网神话制造者不一样，创业之初的马云太普通了。他没有多少钱，创办公司的时候甚至只能把家当办公室，但他最大的特点是喜欢梦想、富有激情，经常沉浸在构筑童话的梦想中，并为自己的梦想激动不已、激情四射。他也善于把自己的梦想传递给他的团队，并以此激励，通过不断奋斗把梦想一步一步变成现实。

1995 年 9 月，步入而立之年的马云，因精通英语被邀请赴美做商业谈判的翻译。一次偶然的机会，他接触了 Internet，当时在美国互联网已方兴未艾，而在中国触网的人还寥寥无几，他看到了网络改变世界的巨大能量，从美国带回了创业梦想。回国后，马云便决定辞职创办中国第一家互联网商业网站——中国黄页。在辞职前的一个晚上，马云邀请 24 个朋友一起来"共议大事"，朋友们的反应出奇的一致，23 个人说不行，只有一个人说可以试试。但马云没有听进朋友们的"逆耳忠言"，反而坚定了自己的行动决心。为了梦想，马云义无反顾，一头扎进了 Internet 这个"汪洋大海"，于是一个新版的阿里巴巴故事从此开始。他后来说："刚开始做 Internet，能不能成功我也没信心。只是，我觉得做一件事，无论失败与成功，总要试一试，闯一闯，不行你还可以掉头；但是你如果不做，总走老路子，就永远不可能有新的发展。"那时，大家还不懂互联网，打开一个网页也需要漫长的时间，马云到处推销他的"中国黄页"，曾被人当作"骗子"。

1999年2月21日，阿里巴巴第一次员工大会在位于湖畔花园的马云家中召开。马云为自己的梦想所激励，手舞足蹈地发表激情演讲："就是往前冲，一直往前冲。十几个人手里拿着大刀，啊！啊！啊！向前冲，有什么好慌的。"他用美好的梦想激励大家，在未来的三五年内，阿里巴巴一旦成为上市公司，他们每一个人所付出的所有代价都会得到回报。当时有人问马云阿里巴巴的前景，马云说，以50万元起步的阿里巴巴将来市值将达到50亿美元。许多人都笑了，认为是幻想，几乎无人相信。

英国人威廉·菲利浦年轻时是一个牧羊人，生活比较清苦。但是，威廉身上特有的敢闯荡的血性，那颗永不安定的心时时提醒他：眼前的生活不是他的理想。

威廉决定放弃目前的工作和生活，立志成为一名航海家，去周游世界。他打算先从一名搏击风浪的海员做起。决定一经做出，立刻招致家人强烈的反对。可是，威廉却下定决心，要挑战命运，他要让上帝震惊。

为了实现自己的理想，威廉开始利用一切闲暇时间刻苦攻读，钻研技术，经过别人的悉心指点和自己的勤奋努力，他的技术日渐娴熟。后来，在波士顿，他邂逅了一个有些家产的年轻寡妇并坠入了爱河。成家后，威廉用自己的双手围起了一个小院子，开始造船，经过几个月的艰苦劳动，船终于下水了。

一天，威廉正在街上闲逛时，无意中听说一只载有大量金银珠宝的西班牙船只在巴哈马失事了。这一消息极大地刺激了他的冒险欲望，他立刻与一个可靠的伙计驾船前往巴哈马。他们发现了这只船，打捞了许多货物，但是钱物很少，尽管如此，这次经历大大增强了他干事业的胆量和信心，这才是他获得的真正财富。后来，有人告诉他，半个多世纪以前，有一只满载金银财宝的船在普拉塔这个地方遇难沉没，威廉当即决定打捞这些稀世珍宝。

在英国政府的帮助下，威廉率船安全抵达黑斯盘尼亚那海岸，开始了艰苦的搜寻工作。可是，几周过去了，除了打捞上来不少海藻、卵石和碎片外，他们一无所获。失望的情绪开始在海员中蔓延，他们低声抱怨威廉无聊又盲目。

终于一些海员的怨恨白热化了，他们酝酿了可怕的阴谋，准备将这只船扣留，把威廉扔进海里喂鱼，然后在南海一带作海盗式巡游，随时袭击西班牙人。可是，这个计划不幸被木工泄露了，威廉立即集合了自己的亲信，用武器和勇气控制了局面，平定了叛乱。由于船只在这次叛乱中受损，威廉不得不暂时放弃打捞计划，将船送回英国修理。

回到英国后，威廉立即着手筹集资金，准备再次远航。可是因为政府正面临各种危机，已无暇顾及威廉的淘金计划。威廉别无他策，只好靠募捐来收集必需的钱财，这招致了很多人的嘲笑，他们称他是高级的要饭花子，但是威廉不予理睬，他软磨硬泡，终于有了启动资金。在长达四年之中，他不厌其烦地向有影响的大人物宣讲自己的伟大计划，劝说他们资助，他终于成功了，由 20 个股东组成的公司成立了。

有了充足的资金和丰富的经验，又一次冒险而充满激情的远航开始了。

也许是威廉的精神感动了上帝，这次远航终于有了圆满的结果。

在安详、静谧的大海下，威廉打捞上来的珠宝价值30万英镑，这可不是一笔小数目。威廉带着这批珍宝启程回国，国王赏赐给威廉20000英镑，同时，为了嘉奖威廉勇敢的行为和诚信的品格，国王授予他爵士的光荣称号，并任命他为新英格兰郡长。

纵观威廉伟大而传奇的一生，正是激情改变了他的命运。如果没有这种激情和血性，威廉也许还是个牧羊人，生命对他来说，只不过是平淡无奇的虚耗。

人生的路上有一个个加油站，它们并不是固定的，地图上也找不到，需要靠你自己的力量去发现，而每找到一座加油站，你就可以给自己加油了，加的当然是激情。可以说，任何事情要想做成功，都需要激情作动力。

为什么郁闷无聊成了我们的口头禅，因为我们缺少激情。生活、学习、工作，这些都累得我们喘不上气，整天忙忙碌碌疲于奔命。这样有意思吗？

有一次，美国一位部长问比尔·盖茨："我在微软参观时，看到每一个员工都非常努力、非常快乐。你们是如何创造出这样的企业文化的？"比尔·盖茨回答："我们雇用员工的前提是，这个员工对软件开发是有激情的。"这是微软成功的必要前提。

激情总与梦想相伴，高昂的激情来自发自内心的兴趣。在工作中培养激情，在激情中愉快工作，提高的不仅仅是工作质量，还有人生的境界，做人的价值。激情的工作成就着我们的事业，而激情的人生将使我们幸福快乐。如果说激情是"火焰"的话，那么，兴趣就是点燃激情的"火种"。因为追求自己的兴趣而充满激情，因为激情而享受快乐！有了兴趣，就能激发潜力，一个人就可能不断获得成功，就可能达到卓越的境界。反之，如果做自己没有兴趣的事，只会事倍功半，还很有可能一事无成。

如何培养激情呢？其要有三：一是选你所爱——不必太在意别人或社会是否看重，用但丁的名言说，就是："走自己的路，让别人去说吧！"二是爱你所选——当你没有选择或不容易改变现状时，"爱你所选"的尝试加上积极乐观的态度，会帮你找到光明之路；三是忠于兴趣———一旦培养了自己的兴趣，就一定要珍惜并全力以赴，勇敢执着地坚持下去，一定会有所收获。

对于"激情"，互联网狂人马云曾这样说："年轻人都有激情，但年轻人的激情来得快去得更快，持续不断的激情才是真正值钱的激情。你可以失去一个项目，丢掉一个客户，但你不能失去做人的追求。这就是激情。失败了再来，这就是激情。"与其说马云是一个企业家，不如说他是一个"造梦人"。他是一个激情四射的创业者，是一个伟大理想的布道者，是一个辉煌梦想的鼓吹者。马云用鲜活的事实证明了一个道理：只要我们拥有梦想、激情和不断努力，就有可能到达成功的彼岸。

战斗到底的信念

《狼图腾》里描写了这样的一个场景：在一个风雪交加的夜晚，群狼和马群在一个沼泽处展开了殊死的搏斗，最后，狼群取得了胜利。马群之所以失败，其实并非归咎于它们没有战斗力，而是因为对手对取胜的信念太顽强了。狼的这种必胜信念来源于它们对生命的热情，它们知道，一旦生命丧失了热情，就如同一把火炬快要结束燃烧。热情，让狼变得更加勇猛。

信念是一种心理动能。信念就其内在产生过程来讲，是指人们对基本需要与愿望强烈的坚定不移的思想情感意识。

一片茫茫无垠的沙漠，一支探险队在负重跋涉。阳光很强烈。干燥的风沙漫天飞舞，而口渴如焚的队员们没有了水。

这时候，探险队队长从腰间拿出一只水壶。说这里还有一壶水，但穿越沙漠前，谁也不能喝。

那壶水从队员们手里依次传开来，一种充满生机的幸福和喜悦在每个队员濒临绝望的脸上弥漫开来。终于，探险队员们一步步挣脱了死亡线，顽强地穿越了茫茫沙漠。他们相拥着为成功喜极而泣的时候，突然想起了那壶给了他们精神和信念以支撑的水。

拧开壶盖，汩汩流出的却是满满一壶沙。在沙漠里，干燥的沙子有时候可以是清洌的水——只要你的心里驻扎着拥有清泉的信念。

是什么使他们挣脱了死亡线？是信念——一壶水的信念，使他们走出了沙漠。没有这份坚定的信念，他们很可能陆续在沙漠中倒下，与这些干燥的风沙永远结伴！

信念是呼吸的空气，是沙漠中旅人的清泉，是我们心中的太阳。信念坚定的人，为它无怨无悔地工作，尽心尽力地奋斗，克服前进道路上的坎坷与荆棘，取得辉煌的成就。

愚公的信念是平掉屋前的两座高山，于是他带领子孙，挖山不止，最终感动了天帝。爱迪生怀着发明电灯的信念，先后找了 1600 种耐热材料，反复试验近 2000 次，终于制作出世界上第一盏电灯。中国女排运动员们怀着摘取世界冠军桂冠的信念刻苦训练、顽强拼搏，勇夺"五连冠"殊荣。

如果把人生比作杠杆，信念刚好像是它的"支点"。具备了这恰当的支点，就能成为一个强有力的人。

罗杰·罗尔斯是纽约历史上第一位黑人州长。他出生在声名狼藉的大沙头贫民窟。在这儿出生的孩子，长大后很少有人能获得体面的职业。然而罗杰·罗尔斯是个例外，他不仅考入了大学，而且成了州长。在他就职的记者招待会上，罗尔斯对自己的奋斗史只字不提，他仅说了一个非常陌生的名字——皮尔·保罗。后来，人们才知道，皮尔·保罗是他小学的一位校长。

1961 年，皮尔·保罗被聘为诺必塔小学的董事兼校长。当时正值美国嬉皮士流行的时代。他走进大沙头诺必塔小学的时候，发现这儿的穷孩子比"迷惘的一代"还要无所事事，他们旷课斗殴，甚至砸烂教室的黑板，当罗尔斯从窗台上跳下，伸着小手走向讲台时，校长对他说："我一看你修长的小拇指就知道，将来你是纽约州的州长。"

当时罗尔斯大吃一惊，因为长这么大，只有他奶奶让他振奋过一次，说他可以成为五吨重的小船的船长。这一次皮尔·保罗竟然说他可以成为纽约州的州长，着实出乎他的意料。他记下了这句话，并且相信了它。

从那天起，成为"纽约州州长"就像一面旗帜。他的衣服不再沾满泥土，他说话时也不再夹杂着污言秽语，他开始挺直腰杆走路，他成了班主席。在以后的40多年间，他没有一天不按州长的身份要求自己。51岁那年，他真的成了州长。

在他的就职演说中，有这么一段话，他说："在这个世界上，信念这种东西，每个人都可以免费获得，所有成功者最初都是从一个小小的信念开始的。"

当然，信念不是盲目的痴人说梦，信念必须自己有把握，胸有成竹。凡是使用过电脑的人相信对"微软"这家公司不会陌生，然而大多数的人只知道它的创始人之一比尔·盖茨是个天才，却不知道他为了实现自己的信念而孤独地走在前无古人的路上。

当时盖茨发现，在墨西哥州阿布凯基市有家公司正在研究发展一种称为"个人电脑"的东西，可是它得用 BASIC 程序语言来驱动，于是他便着手开始进行写这套程式并决心完成这件事，即使他并无前例可循。盖茨有个很大的长处，就是一旦他想做什么事，就必有把握给自己找出一条路来。在短短的几个星期里盖茨和另外一个搭档竭尽全力，终于写出了一套程式语言，因而也使得个人电脑问世。

盖茨的这番成就造成一连串的改变，扩大了电脑的世界，30岁的时候他就成为一名家财亿万的富翁。的确，有把握的信念能够发挥无比的威力。

　　信念的力量无疑是巨大的，他能成就人的希望和动力，让人始终朝他所追求的方向前进，并且永不停止或回头，直至到达目的地。当苏武被流放到北海时，那里的生活条件、气候条件都非常艰苦。天下雪，苏武就躺在地窖嚼着雪和毡毛一同吞下去。很多时候他只得挖野鼠储藏在穴中的野果来吃。别人看到他没死，都还以为他是神。当匈奴帝单于想要封他公爵给他锦衣玉食时，他断然拒绝。他不追求荣华富贵、功名利禄，因为他知道，他所要报效的朝廷不是这里。他被扣留在匈奴共 19 年，当初是在身强力壮的情况下出使的。等到回来时，胡须和头发都白了，俨然一个瘦弱的老人，但他绝不后悔当初自己的选择。他靠的是什么？靠的就是坚定的信念！一个人一旦失去了信念，那么"哀莫大于心死"，生存的目的便空无了。

　　坚定自己的信念，你就会收获丰富，你就会得到成功。所以继续追求你所追求的，不要放弃，因为，信念会给你力量。

放手一搏的勇气

狼永远不会学狗，夹着尾巴逃走。

在狼的世界里，没有捕捉不到的猎物，只有不肯追赶的决心。

在狼的世界里，没有争夺不到的食物，只有不敢挑战的勇气。

人们常说"初生牛犊不怕虎"，这其实并不是太正确，刚刚诞生的牛犊，没有什么意识，就像新出生的婴儿一样，当然无所畏惧，稍有意识后，它看到老虎其实是会打哆嗦的。而狼则不同，越长大越有勇气，即便是老虎侵犯自己也会勇敢地扑上去，这就是狼的勇气。

要想成大事，具备狼一样的勇气是必备要素，因为只有有了勇气，你才能充满信心地面对一切、挑战一切，在遭受苦难和挫折时，不会畏惧，也不会逃避，有坚定地击败它的信心和决心。

威廉·波音曾经是一个经销木材和家具的普通商人。在他观看了一场飞机特技表演后，迷上了飞机。于是，他决定前往洛杉矶学习飞行技术。

但是，他买不起飞机，他的年龄也限制了他成为飞行员的可能，学会驾机技术有什么用呢？看来，要满足驾机遨游长空的愿望，只能自己制造飞机。波音冒出了如此大胆的想法。

通过各方面的学习，波音逐步地了解了飞机的结构和性能。有了一定的准备之后，他开始找人合作，共同制造飞机。

那时候，他们不但没有工厂，甚至连一个受过专门训练的制造工人也找不到。波音只好动员他那家木材公司的木匠、家具师和仅有的三名钳工进行组装——这简直形同儿戏，飞机能在这样的情况下制造出来？

但不可思议的是，他们真的将飞机制造出来了。这是一架水上飞机，波音亲自驾着它进行试飞，并且取得了成功。

波音的信心高涨，他索性将木材公司改成飞机制造公司，专心研制飞机。时至今日，全世界每天有数千架波音公司生产的飞机在天空飞行，谁能想到它起步之初的状况是多么不可思议呢！

威廉·波音的故事告诉我们：很多我们"不可能"做到的事，只要我们把焦点放在"如何去做"，而不是想着"这是办不到的"，就有可能做到。

威廉·波音在晚年时，曾对采访他的一个年轻记者说："面无惧色地面对每一次考验，你会得到力量、经验与信心……你必须做你做不了的事。"当我们面对一些似乎不可逾越的障碍时，只要我们有勇气向它们挑战，我们的信心也就从中诞生，得到锤炼，变得无比坚定。

"不可能"先生死了，信心才能诞生。唐娜是一位即将退休的美国小学老师，一天她要求班上的学生和她一起在纸上认真填写自己认为"不可能"的事情。每个人都在纸上写下他们所不可能做的事，诸如"我不可能做10次仰卧起坐""我不可能吃一块饼干就停止"。唐娜则写下"我不可能让约翰的母亲来参加母子会""我不可能让黛比喜欢我""我不可能不用体罚好好管教亚伦"。然后大家将纸张投入了一个空盒内，将盒子埋在了运动场的一个角落里。唐娜为这个埋葬仪式致辞："各位朋友，今天很荣幸能邀请各位来参加'不可能'先生的葬礼。他在世的时候，参与我们的生命，甚至比任何人影响我们还深。……现在，希望'不可能'先生平静安息……希望您的兄弟姐妹'应该能''一定能'继承您的事业——虽然他们不如您来得有名，有影响力。愿'不可能'先生安息，也希望他的死能鼓励更多人站起来，向前迈进！"

之后，唐娜将"不可能"纸墓碑挂在教室中，每当有学生无意说出"不可能……"这句话时，她便指向这个象征死亡的标志，孩子们就立刻想起"不可能"已经死了，进而想出积极的解决方法。唐娜对孩子们的训练，实际上是我们每个人必修的功课。如果我们经常有意无意地暗示自己"不可能"，那么，这种坏的信念就会摧毁我们的一切，而"应该能""一定能"等积极的暗示，则可以调动起我们积极的潜意识，使我们踏上成功之路。

时代潮流涌动，强者往往独立潮头，让我们欣羡不已。他们总是如此成功，难道有三头六臂吗？谁也没有三头六臂，但强者之所以成为强者，也总是有原因的。他们往往敢为别人所不敢为，具有一种"舍我其谁"的大气魄。凭借着这种气魄，他们敢于像钱塘江的弄潮儿一般，在浊浪排空的潮水中弄潮搏击，做第一个吃螃蟹的人。

刘磊就是靠"为人不敢为"的生意而发财的。

2003 年 5 月，伊拉克战争爆发了。刘磊通过电视新闻看到两条消息：一条消息说，伊拉克被美军占领后，抵抗组织频频向美军发起人肉炸弹袭击，导致大量美军士兵龟缩在军营不敢外出；另一条消息则说，频繁的袭击导致美军伤亡率上升，美国军方为了稳定战区军心，决定大幅度提高驻伊拉克人员的战地补助。看到这里，刘磊突然想到："当地美军拿了高额补助却不能出门消费，若是我能到美军军营附近做生意，岂不是获得了独到的大好商机？"

一开始，由于没有通行证，守卫绿区的美军士兵不允许他进去。但破釜沉舟的刘磊还是拿着印制精美的中餐菜谱，告诉门口荷枪实弹的美国兵，他要在绿区开餐厅做中餐！美国兵一听顿时显得非常高兴，竟然例外地给予了一点小小的方便："放行！"在请了颁发"绿区"通行证的格里菲斯上尉两次客后，刘磊拿到了"绿区"通行证。

在绿区开餐厅的成本低——巴格达市场上，美国产5升罐装的大豆油折合人民币12元；越南产50千克装的大米折合人民币80元；黑市价更是低得惊人，每罐煤气只要人民币1元5角。绿区之内是美军的天下，伊拉克临时政府的"城管""工商"都不敢进去收费，甚至连水电费都免了！

在如此低廉的成本之下，刘磊做出的饭菜可一点儿也不便宜，一盘普通扬州炒饭的价钱是5美元——折合人民币40元，是国内的10倍！刘磊在"绿区"没有竞争对手，中餐厅独此一家，他的生意想不好都难！就这样，火爆的生意让刘磊月平均盈利达1万美元左右。

2004年4月，刘磊又发现了另一条生财途径，那就是卖酒。当时美军规定士兵不得饮酒，但美国士兵又特别喜欢喝酒。开始时他也不敢卖，后来经常有美国士兵向他买酒，还提醒说，如果卖酒，可以"get much money"。这是刘磊第二次听到这句话。于是，他去绿区外面的地下市场带酒进来，偷偷地卖给美国大兵。一瓶 2 美元的威士忌，在绿区他可以卖到 10 美元。光靠这一项每天就可以进账 4000 美元，利润高达 5 倍。

刘磊的餐厅外面有一个美军的直升机停机坪，每天都有美军的巡逻直升机停在那里，美国大兵一下飞机就提着两米长的炮弹箱跑进来大喊：“我只有 10 分钟休息时间，快点装酒，全部装满。”他们装满酒以后又赶紧盖上盖子，然后假装运炮弹，将酒运上直升机拉走了。一箱可以装几十瓶酒，刘磊可以卖到 2000 多美元，有时每天都可以接待几趟直升机顾客，生意好得不得了。

到了 2005 年 3 月，伊拉克局势稳定，临时政府开始全面接管政权，刘磊在巴格达绿区的餐厅这才结束。他顺利回国，全部经营时间不过 1 年零 3 个月，赚得的美元折合人民币 308 万元。

刘磊的机遇可遇不可求，但值得借鉴和学习的却是他的这种弄潮的大气魄。一句俗语说得好，“人不胆大事不成”。很多时候，我们要想有所作为，成就一番大事，没有敢于跳进潮流中击水搏浪的气魄是不行的。

不甘摆布的血性

在人类繁荣昌盛以前，狼曾是世界上分布最为广泛的野生动物。当人类在地球上繁衍之后，人们开始大量地对狼进行猎捕。狼的生存面临着前所未有的危机。

在人类的强大打压下，狼虽然明白它们无法与人类抗衡，但它们也并没有屈服，这就是狼族的生命尊严。

在阿根廷的潘帕斯大草原上，人们曾经梦想能够驯服草原野狼。但所有牧民的努力都没有成功，有的牧民还因为饲养狼而受伤，甚至丢掉生命。在自然界，动物的所有行为都是为了生存，动物之间的所有斗争都是为了生存。狼在与其他动物进行的搏斗中，充分表现了誓死战斗、决不屈服的精神。当狼遇到比自己强大的动物，一般都采取群攻战略。狼的自身条件并不突出，与老虎、狮子、犀牛等动物相比，它们显得非常弱小，即使是群攻，也会造成狼群的大量损失。但狼绝对不会退缩，不管牺牲多少，它们都不会退缩，直到将强大的对手杀死或者赶跑。

到现在为止，人类驯服了所有的动物，但只有狼是不可被驯服的。想想看，我们在马戏团看到了老虎、狮子、猎豹等在驯兽员的指挥下做着各种动作，它们在人的眼里都算得上兽中之王。但没有任何一个人在马戏团中看见过狼的身影。不要以为是狼与这些动物相比显得弱小、没有吸引力。其实很多驯兽员都做过努力，希望狼能登台表演，但都没能成功。即使是从狼出生的那一刻起，就用饲养家畜的方式去喂养，也同样不能使狼的野性消失。相反，这种野性会因为失去自由而变得更加强烈。

狼决不会屈服于人，决不会时时刻刻听人的摆布。这就是桀骜不驯、决不屈服的狼，狼的身上有着那种让我们的心灵为之震颤的力量！

人需要向狼学习这种血性，永远不要甘于命运的摆布。

关于命运，法国作家罗曼·罗兰说过这样一句话："宿命论是那些缺乏意志力的弱者的借口。"

我们的命运究竟由什么来决定？我们的命运究竟掌握在谁的手里？对一个敢于面对生活的强者来说，命运永远都掌握在自己手里；对一个不敢面对生活的弱者来说，命运就是上天偶尔的施舍和同情。

古往今来，人们一直都在思考命运，关注命运，希望自己能够有一个好命运。但是，什么是命运？过去，人们一直认为每个人的命运都是上天早就注定好的，我们只能顺从，不可违背。其实，命运是个欺软怕硬的东西，如果你不想也不敢改变自己的命运，那么只能忍受命运的摆布与戏弄。但如果你发愤一搏，用智慧来改变命运，经营生命，往往会出现"柳暗花明"的景象。世界潜能大师安东尼·罗宾说："任何成功者都不是天生的，成功的根本原因是开发了人的无穷无尽的潜能。"只要你抱着积极的心态去开发潜能，你就会有用不完的能量，你的能力就会越用越强。反之，就只有怨天尤人，叹息命运的不公，变得越来越消极无为。

人的一生并非所有事情都是听天由命的，只要你有打破生活的勇气，励志做生活的主人，你就可以把命运牢牢地握在自己手里。

每个人都是自己命运的舵手，每个人的命运都掌握在自己手中，只要你能正确地看待自己的人生，就可以更好地把握自己的命运。无论别人对你的评价如何，无论你的年龄有多大，无论你面前有多大的阻力，只要稳定心态，自信满满，就一定会有所成就。事实上，只要抹去身上的尘埃，给自己的人生一个更好的定位，有目标、有理想、有干劲，对未来抱有希望，你就能创造属于自己的辉煌。

美国百万富翁艾琳·福特在谈到自己的经营历程时说道："自己的命运要自己来开创，当你真正梦想要一件东西时，就一定能弄到手。有了思想就必须马上开始付诸行动，只要你想到要做什么事，就一定要有无论怎样都必须去完成的精神。"真正的思想是会指导行动的，没有行动的"想"，不是本书中所指的"思想"。

现实生活中也一样，很多人在为生计而终日奔波劳苦，在烦琐生活的压力下，消磨了斗志。获取财富的梦想，渐渐像是天边的云彩，看上去很美，可是怎么也抓不住。然而，在这个充满机会的时代，机会只属于不断努力和进取的人们，属于具有远大志向的人们。

一个人如果总抱着消沉的心态，就会桎梏自己的心灵，让自己始终被生活羁绊，心灵蒙上了灰尘，行动胆怯，不愿意付出，也不敢付出。最后，一次次地错过各种机会，在时代的大潮中成为弃儿。

生活中一个现象很有趣，有的人被人毫不在意地叫"老王""小张"，而有的人却被人恭恭敬敬地称呼他的尊姓大名，甚至在许多场合被称作"某先生"或"某女士"。多观察一下你就会发现，有些人能自然地表现出自信、忠诚与令人赞美的风度，有些人则做不到这一点，而具有这种风度、真正受人敬重的人，大都是最成功的人物。

　　造成这种差别的原因在很大程度上与一个人的思想有关。那些自以为比别人差的人，不管他实际能力到底怎样，一定会比别人差。如果一个人觉得自己比不上别人，他就会有真的比不上别人的各种表现，而且这种感觉是无法掩饰或隐瞒的。那些认为自己只能做个小人物、小角色而不能登大雅之堂的人往往一辈子也就真的如此，成不了大人物，因为自己都不重视自己，当然更不会付诸行动让自己变得重要，而那些相信自己有能力承担重任的人，往往就真的会成为一个很重要的人物。尼采曾经说过，受苦的人，没有悲观的权利。贫穷就像一根弹簧，你越压它，它越收缩，你越放松它，它越弹你。贫穷只会在那些懦弱者身上逞威，在强者面前，它毫无功力。

　　真正的贫穷不在于你物质上的贫穷，而在于你思想上的贫穷，那些思想上的贫穷者才是真正的贫穷者。如果你不甘贫穷，用你那颗充满激情的心与之作殊死的搏斗，贫穷定会离你而去。如果你被贫穷占领了思想，那你只能怨天尤人，以泪洗面，毫无他法了。

　　古人曾说"自古寒屋出公卿"，人们崇拜成功者，更崇拜那些从困境中崛起的佼佼者。永不枯竭的心灵、熠熠生辉的成就是对贫穷最好的回报。只有依靠个人的自我奋斗，从贫困中挣扎出来的人们，才会真正了解生命的价值与生活的真正意义。

　　有一个青年背着一个大包裹千里迢迢跑去找无际大师，他说："大师，我是那样的孤独、痛苦和寂寞，长期的跋涉使我疲倦到极点，我的鞋子破了，荆棘割破双脚；手也受伤了，流血不止；嗓子因为长久的呼喊而喑哑……为什么我还不能找到心中的阳光？"

　　大师问："你的大包裹里装的是什么？"

　　青年说："它对我可重要了。里面是我每一次跌倒时的痛苦，每一次受伤后的哭泣，每一次孤寂时的烦恼……有了它，我才能走到您这儿来。"

无际大师听完后，一句话都没有说，他只是带着青年来到河边，他们坐船过了河。上岸后，大师说："你扛了船赶路吧！"

"什么，扛了船赶路？"青年很惊讶，"它那么沉，我扛得动吗？"

"是的，孩子，你扛不动它。"大师微微一笑，说，"过河时，船是有用的，但过了河，我们就要放下船赶路，否则，它会变成我们的包袱。痛苦、孤独、寂寞、灾难、眼泪，这些对人生都是有用的，它能使生命得到升华，但须臾不忘，就成了人生的包袱。放下它吧，孩子，生命不能负重太多。"

青年放下包袱，继续赶路，他发觉自己的步子轻松而愉悦，比以前快得多，原来，生命是不必如此沉重的。

贫穷并不可怕，可怕的是穷的心态。一个人如果始终认为自己这辈子只能是一个穷人，他也就只能在时代的挑战中故步自封。改变穷人的面貌和状态，就要把自己想象成一个富有的人士，就要想想一个富有人士应该如何去做。一个人不会总穷困的，只要不断努力就一定能够改善自己的生活，成为一个富裕的人。

处在贫困中的人们，赶快擦干眼泪，驱散你阴云密布的愁容，扔掉你那毫无用处却时时放不下的痛苦与悲观吧，在追求成功与富裕的道路上，你不应该带着这些沉重而无用的包袱前行。

舍我其谁的自信

狼不仅头脑灵活、眼观六路、耳听八方，而且思维敏捷、聪慧机敏、明察秋毫，是一种能够适应变化、适应竞争的物种。

在自然界残酷的生存环境中，各种野兽之间常常互相袭击。狼有时为了保护自己的安全和自己赖以生存的领地，狼会顽强地同各种野兽拼个你死我活，即使粉身碎骨也在所不惜。它在战斗中所表现出的那种坚韧的信念，即使贵为"万物之灵"的人类看了也会自愧不如。

狼是一种具有良好心态的动物，狼自信但不自负。它不仅冷静沉稳、自信坚定、耐性十足、行动果断，而且勤奋努力、满腔热忱、居安思危、未雨绸缪。

我们要想追求成功，就要像狼一样培养良好的心态，锻造一种舍我其谁的自信。

在20世纪初，有一帮横行西部的土匪占据了一个小镇。他们枪击酒吧，威胁居民，并将警长撵走。镇长在无可奈何的情形下，只有发电报给州长，要求派游骑兵来恢复公共秩序。州长同意了，并告诉他这队游骑兵会在第二天乘火车来。

第二天，镇长亲自去迎接，令他不敢相信的是，只到了一位游骑兵。

"还有其他的队伍吗？"这位镇长问。

"没有其他人了。"这位游骑兵回答。

"有没有搞错！一个游骑兵怎么能治得了这一大帮土匪呢？"这位镇长气愤地问。

"好了，这里不就是只有'一'帮土匪吗？"游骑兵满不在乎地说。

这个传说并不见得百分之百的真实，但它依据的是一个事实：不到100名游骑兵，保卫着整个德克萨斯州。尽管是一个游骑兵执行任务，也从不畏惧对方的人多，他会看情况决定自己该怎么做。他会平静地激发和组织那里的民众，并引领执法人员采取行动。他们所遭遇的状况几乎是极度危险的，但游骑兵习惯于领导别人出生入死。

有句老话说："没有比成功更能导致成功。"这句话的意思是说，成功会制造成功；成功的人会变得更成功。换句话说，假若你在过去成功，就会有更大的机会在未来得到成功。

但在你没有成功以前，你如何达到成功呢？这种说法像是鸡生蛋、蛋生鸡的问题。没有蛋就不会生鸡，但没有鸡又哪来蛋？

其实，信心才是成功的基石。做事没有信心，成功就无从谈起。就像上文中的游骑兵，如果在面对凶悍的土匪时没有那种舍我其谁的自信和一往无前的勇气，怎么敢去迎战对手，为民除害？怎么能够在危险的境遇里利用智慧与敌人周旋，最终克敌制胜？可见，面对危险，没有自信是不行的，那么面对机遇，没有自信能够抓得住吗？

现在的许多年轻人，总是有一种感怀过去的情绪，机会没来时，长吁短叹；机会来临了，又畏畏缩缩，不敢向前。他们徘徊在等待机遇又浪费机遇之间，归根结底在于他们的不自信。不自信，机会在眼前也抓不住；不自信，小困难也会成为拦路虎；不自信，更不能奢望在艰苦的境遇里开辟出崭新的道路。

树立信心，我们需要以狼为师。狼是不甘于平庸的，它们总是充满自信，按照自己的目标去寻求生存的真谛。即使面对虎豹雄狮，它们也毫不畏惧，为了生存勇敢地对抗所有强敌。因此，每一个有志青年，都应该像狼一样自信，勇敢地在社会中搏击，以自己的努力和智慧改变命运。

临危不乱的沉静

无论多么混乱的局面，狼永远是最冷静的一方。因为能够临危不乱，所以狼总是能在乱中取胜。

有人面对危难之事狂躁发怒，乱了方寸。而成功者却总是临危不乱，沉着冷静，理智地应对危局，之所以能这样，是因为他们能够冷静地观察问题，在冷静中寻找出解决问题的突破口。可见，让过度发热的大脑冷静下来对解决问题是何等重要。

在失败和危急关头保持冷静是很重要的。在平常状况下，大部分人都能控制自己，也能做正确的决定。但是，一旦事态紧急，他们就会自乱脚步，无法把持自己。

一位美国空军飞行员说："二次大战期间，我独自担任F6战斗机的驾驶员。头一次任务是轰炸、扫射东京湾。从航空母舰起飞后一直保持在高空飞行，到达目的地的上空后再以俯冲的姿态执行任务。

"然而，正当我以雷霆万钧的姿态俯冲时，飞机左翼被敌军击中，顿时翻转过来，并急速下坠。

"我发现海洋竟然在我的头顶。你知道是什么东西救我一命的吗？

"我接受训练期间，教官一再叮咛说，在紧急状况中要沉着应付，切勿轻举妄动。飞机下坠时我就只记得这么一句话，因此，我什么机器都没有乱动，我只是静静地想，静静地等候把飞机拉起来的最佳时机和位置。最后，我果然幸运地脱险了。假如我当时顺着本能的求生反应，未待最佳时机就胡乱操作了，必定会使飞机更快下坠而葬身大海。"他强调说，"一直到现在，我还记得教官那句话：'不要轻举妄动而自乱脚步；要冷静地判断，抓着最佳的反应时机。'"

面对一件危急的事，出于本能，许多人会做出惊慌失措的反应。然而，仔细想来，惊慌失措非但于事无补，反而会添出许多乱子。试想，如果是两方相争的时候，自己一方突然出现意想不到的局面，而对方此时乘危而攻，那岂不是雪上加霜吗？

所以，在紧急时刻，临危不乱，处变不惊，以高度的镇定，冷静地分析形势，那才是明智之举。

唐宪宗时期，有个中书令叫裴度。有一天，手下人慌慌张张地跑来向他报告说，他的大印不见了。在过去，为官的丢了大印，那可真是一件非同小可的事。可是裴度听了报告之后却一点也不惊慌，只是点头表示知道了。然后，他告诫左右的人千万不要张扬这件事。

左右之人看裴中书并不是他们想象那般惊慌失措，都感到疑惑不解，猜不透裴度心中是怎样想的。而更使周围的人吃惊的是，裴度就像完全忘掉了丢印的事，当晚竟然在府中大宴宾客，和众人饮酒取乐，十分逍遥自在。

就在酒至半酣时，有人发现大印又被放回原处了。左右手下又迫不及待地向裴度报告这一喜讯，裴度却依然满不在乎，好像根本没有发生过丢印之事一般。那天晚上，宴饮十分畅快，直到尽兴方才罢宴，然后各自安然歇息。

而后，下人始终不能揣测裴中书为什么能如此成竹在胸，事过好久，裴度才向大家提到丢印当时的处置情况。他教左右说："丢印的缘由想必是管印的官吏私自拿去用了，恰巧又被你们发现了。这时如果嚷嚷开来，偷印的人担心出事，惊慌之中必定会想到毁灭证据。如果他真的把印偷偷毁了，印又从何而找呢？而如今我们处之以缓，不表露出惊慌，这样也不会让偷印者感到惊慌，他就会在用过之后悄悄放回原处，而大印也不愁失而复得。所以我就如此那般地做了。"

从人的心理上讲，遇到突发事件，每个人都难免产生一种惊慌的情绪，问题是该怎样想办法控制。

楚汉相争的时候，有一次刘邦和项羽在两军阵前对话，刘邦历数项羽的罪过。项羽大怒，命令暗中潜伏的弓弩手几千人一齐向刘邦放箭，一支箭正好射中刘邦的胸口，伤势沉重，痛得他不得不伏下身来。主将受伤，群龙无首，若楚军乘人心浮动发起进攻，汉军必然全军溃败。猛然间，刘邦突然镇静起来，他巧施妙计：在马上用手按住自己的脚，大声喊道："碰巧被你们射中了！幸好伤在脚趾，并没有重伤。"军士们听此话顿时稳定下来，终于抵住了楚军的进攻。

西晋时，河间王司马顺、成都王司马颖起兵讨伐洛阳的齐王司马冏。司马冏看到二王的兵马从东西两面夹攻京城惊慌异常，赶紧召集文武群臣商议对策。

尚书令王戎说："现在二王大军有百万之众，来势凶猛，恐怕难以抵挡，不如暂时让出大权，以王的身份回到封地去，这是保全之计。"王戎的话音刚落，齐王的一个心腹就怒气冲冲地吼道："身为尚书理当共同诛伐，怎能让大王回到封地去呢？从汉魏以来王侯返国有几个能保全性命的？持这种主张的人就应该杀头！"

王戎一看大祸临头，突然说："老臣刚才服了点寒食散，现在药性发作要上厕所。"说罢便急匆匆走到厕所，故意一脚跌了下去，弄得满身屎尿臭不可闻。齐王和众臣看后都捂住鼻子大笑不止。王戎便借机溜掉，免去了一场大祸。

正因为王戎很有冷静的头脑，才在危急之下身免一死。此事无疑给后人以启示：遇事要沉着冷静，静中生计以求万全。

水静才能照清人影，心静方可看透事物。